図 1·10　重層型人工湿地の様子（1 章：20 ページ）
　　　　50 m² の 1 段目，25 m² の 2 段目，25 m² の 3 段目の合計 100 m² の広さをもつ．
　　　　中央の穴は，各段の処理水が溜まる集水枡である．

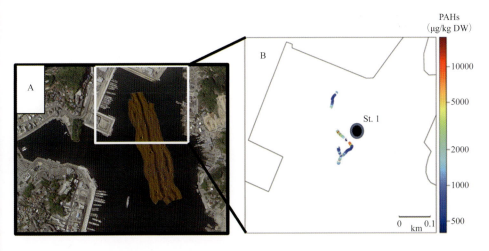

図 2·5　曳航型油分測定システムによる調査結果の一例（気仙沼湾湾奥部）（2 章：34 ページ）
　　　　A：観測範囲とサイドスキャン画像，B：湾奥部の PAHs の分布．

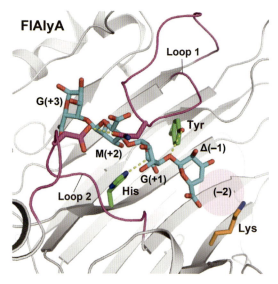

図 5·6　アルギン酸リアーゼ FlAlyA のアルギン酸結合部位の構造（5 章：77 ページ）
アルギン酸鎖は β -D-マンヌロン酸（M），α -L-グルロン酸（G）および非還元末端の不
飽和糖（Δ）で構成される．FlAlyA のアルギン酸鎖を構成する単糖単位が結合する部位
は非還元末端側から（−2），（−1），（+1），（+2），（+3）で示されている．例として，M（+2）
は +2 部位に結合した β -D-マンヌロン酸を示す．FlAlyA の +2 部位に局在するループ構
造（Loop1 および Loop2）は赤紫色で示されている．Loop1 と Loop2 は水素結合（黄色
破線）で連結されている．チロシン（Tyr）残基とヒスチジン（His）残基は触媒残基とし
て機能し，リシン（Lys）残基の変異は FlAlyA の至適 pH とエキソ型活性に影響する．

冷蔵庫解凍　　　　　　　　　　　　　　　　電磁波解凍

試料：ニタリクジラ

図 8·10　各解凍法で処理した際のドリップ発生状況（8 章：118 ページ）

水産学シリーズ

184

日本水産学会監修

新技術開発による
東日本大震災からの
復興・再生

竹内俊郎・佐藤 實・渡部終五 編

2017・3

恒星社厚生閣

発刊に寄せて
－本技術開発に至る経緯－

林　孝浩*

　未曾有の被害をもたらした東日本大震災の発生から今年で6年が経過しましたが，未だ被災地への対応は継続して求められている状況であり，改めて災害から学んだ知見を，随時共有していく必要にせまられています．

　東日本大震災では，地震・津波により大量のがれきの堆積や藻場・干潟の喪失，岩礁への砂泥の堆積等が発生し，沿岸域の漁場を含め海洋生態系が大きく変化しました．海洋生態系の回復および沿岸地域における産業の復興が緊急の課題となり，「東日本大震災からの復興基本方針」（2011年7月29日東日本大震災復興対策本部決定）において，「震災により激変した海洋生態系を解明し，漁場を復興させるほか，関連産業の創出に役立たせるため，大学，研究機関，民間企業等によるネットワークを形成」すること，「さけ・ます等の種苗生産体制の再構築や藻場・干潟等の整備，科学的知見も活かした漁場環境の把握，適切な資源管理等により漁場・資源の回復を図る」ことなどが掲げられました．

　これを受け，文部科学省では科学技術・学術審議会海洋開発分科会において対応策を検討し，「海洋生物資源に関する研究の在り方について」を取りまとめ，東北沖における研究開発を継続的かつ体系的に実施するため，全国の関連研究者のネットワークとして，大学などの研究機関を中心としたマリンサイエンスの拠点を東北に形成することが提言されました．これらを踏まえ「東北マリンサイエンス拠点形成事業」を立ち上げ，その一環として，新たな産業の創成につながる技術開発を支援することとし，研究課題の公募を行いました．

　本事業は，実際に事業化までを目標とするもので，文部科学省の事業としては珍しい事例でしたが，5年間の最終年度を終え事後評価を行い，一定の成果が認められました．事業化に至るための研究開発とはそもそも大変難しいこと

＊　文部科学省研究開発局海洋地球課

であり，本事業で得られた成果の今後の発展も含め，長いスパンで研究開発を実施し状況に合わせて目指すべき方向性について議論を重ねていくこと，得られた成果の情報共有や有効な利用が今後求められます．事業終了後も得られた成果を一つひとつ無駄にせず有効に活用できるよう，今回の水産学シリーズ特別号の発行に伴い，本事業の成果の情報が様々な視点で捉えられ，被災地の復興に役立つ次のステップへつながっていくことを願っています．

まえがき

2011年3月11日に東北太平洋沖で発生した大地震は巨大津波の襲来をもたらし、沿岸地域の漁業および水産関連の職業に携わっていた住民の生活を一瞬のうちに破壊し、地域社会を崩壊させてしまった。さらに、巨大津波の直撃を受けて漏洩した東京電力福島第一原子力発電所の放射能は、海洋汚染をもたらし、漁業および水産関連産業に深刻な影響を未だ与えている。

水産・海洋科学関連の学会では大震災発生直後から、このような事態に対して概ね学会ごとの個別の対応を行ってきたが、大震災が沿岸社会に与えた影響は複雑で、その復興・再生にあたっては、様々な視点や角度からの総合的な取り組みが必要であることがわかったものの、学術団体のみでは資金的に限界があることも明らかになった。この間、各省庁や機関においてもそれぞれ復興・再生支援事業が精力的に進められてきたが、その中で、水産業の再生・復興に向けた取り組みとして、文部科学省は東北マリンサイエンス拠点形成事業を立ち上げた。この事業で水産・海洋科学関連学会の会員が活躍することとなった。

本事業は大きく2つに分かれているが、その1つである「新たな産業の創成につながる技術開発」については2011年度からの5年間の事業として推進された。まず、フィージビリティ・スタディが2011年度に行われ、2012年度から4年間の継続事業の取り組みとなった。フィージビリティ・スタディでは16の課題が採択され、その後、2012年度当初において、成果をもとにした再度の選定が行われ、そのうちの8課題が4年間の継続実施となった。

その成果は日本学術会議食料科学委員会水産学分科会主催のシンポジウム（「東日本大震災からの水産業および関連沿岸社会・自然環境の復興・再生に向けて（第2回）」：2014年11月21日、日本学術会議講堂）で取り上げられるとともに、2015年9月25日には多くの方々の参加を得て、被災地の東北で開催された日本水産学会のシンポジウム（「東日本大震災からの復興・再生に向けた新たな水産業の創成につながる新技術開発」：東北大学川内北キャンパス）で紹介された。本書は後者のシンポジウムの内容を踏襲している。

本書で取り上げた水産業の新たな産業の創成につながる新技術開発の8課

題について，大きく I. 地域再生，II. 海藻利用の新たな取り組み，III. 新たな品質保持・加工技術，の3項目に分けて記載している．

I. では，環境に配慮した漁業やエネルギー生産として1章「排熱を活用した小規模メタン発酵による分散型エネルギー生産と地域循環システムの構築」，2章「津波による油汚染と漁場の浄化技術」，3章「東北サケマス類養殖事業イノベーション」，の3課題について，II. では，より効率的な新品種の作出や養殖技術の確立，低利用水産物の健康機能を付加した利活用として，4章「三陸における特産海藻類の品種改良技術開発と新品種育成に関する拠点形成」，5章「三陸産ワカメ芯茎部の効率的なバイオエタノール変換技術開発と被災地復興への活用法の提案」，6章「三陸沿岸域の特性やニーズを基盤とした海藻産業イノベーション」，の3課題について，III. では，漁獲物の品質を保ちながら利用加工の道を開く技術として，7章「高度冷凍技術を用いた東北地区水産資源の高付加価値推進」，8章「電磁波を水産物加工に用いた新規食品製造技術開発」の2課題についてそれぞれ記載した．

いずれも水産現場で解決が求められてきた課題であり，多くの水産学研究者が取り組んで果たせなかった難題であった．このトータル5年間で得られた新技術研究成果を成書にまとめておくことは，漁業，増養殖，水産加工，水圏環境の現場に携わる方々の強力な手引書になるとともに，様々な分野の水産学研究者には問題解決への取り組み方法の端緒になると考える．

本書では，上述した内容に加え，最初に「発刊に寄せて−本技術開発に至る経緯−」として，本事業の主体となる文部科学省海洋地球課に本事業の趣旨を含めた経緯について記載していただいた．さらに最後に，シンポジウムのまとめを行った妻教授に，「まとめ−水産業の復興再生に向けた今後の課題」と題して，種々の議論の取りまとめや現地の企業など様々な方々との意見交換を行った内容について，記載してもらい，新産業創生を図る手立ての一助にすることを目的に，上記2項目を設けた．

今回の内容は，これまでシンポジウムの後に発刊される日本水産学会監修の水産学シリーズとは異なり分野が広く，震災に特化した内容であることから，恒星社厚生閣の取り計らいで水産学シリーズの特別号として発行されることと

なった．ここに厚くお礼申し上げる．そして本書が，震災復興を図る企業や行政の方々のみならず，広く一般および学生，大学院生の皆様にも読まれることを切に希望する．

2017 年 3 月

竹内俊郎
佐藤　實
渡部終五

新技術開発による東日本大震災からの復興・再生
目次

Reconstruction and Renovation Efforts Following the Great East Japan Earthquake by Development of New Technologies

Edited by Toshio Takeuchi, Minoru Sato and Shugo Watabe

I. 地域再生

1章　排熱を活用した小規模メタン発酵による分散型エネルギー生産と地域循環システムの構築

多田千佳[*1]・中野和典[*2]

　水産食品製造由来の廃棄物は 59 万 t であり（2012 年度），そのうち 84％は再利用されているが，それ以外は利用されていない．畜産やその他飲料業界では，各廃棄物を用いたメタン発酵によるエネルギー回収が効果的に活用されている．

　メタン発酵とは，嫌気性微生物による有機物分解と発酵であり，最終的にメタン生成古細菌によって，メタンガスと二酸化炭素が生成し，これらをまとめてバイオガスと呼ぶ．多くの場合，バイオガスは二酸化炭素約 40％を含むが，メタンガスも約 60％含むため，燃焼可能でエネルギー利用ができる．

　メタン発酵は堆肥化とは異なり，原料が濡れたままでも処理可能であり，バイオエタノール生産と比較して様々な原料からメタン生成が可能である．よって，食品廃棄物の資源化において汎用性が高いといったメリットがある．しかし，水産食品製造由来廃棄物では未導入である．

　水産廃棄物には，魚のアラ（以後，魚アラ）に含まれる油があり，野菜くずなどに比較して重量当たりの炭素含量が高いため，効率よくバイオガス化できれば，非常に優れたエネルギー源になる．しかしその一方で，魚の主成分であるタンパク質分解に伴うアンモニア生成によって嫌気性微生物の成長への阻害が起こることが知られており[1, 2]，効率的なガス生産における課題となっている．

　メタン発酵では，エネルギー収支やコスト収支がプラスになりやすい大規模システムが一般的である．メタン発酵は嫌気性微生物の活性を高めるために，タンクを 35℃（中温発酵）や 55℃（高温発酵）に維持するため加温する必要

[*1] 東北大学大学院農学研究科
[*2] 日本大学工学部

がある．この加温に要するエネルギーについて，システムの規模で比較した場合，大規模システムの方が単位体積当たりの放熱量が小さくなるため，少ない供給エネルギーで同じ温度を維持できることになる．よって，メタン発酵も火力発電などと同様に大規模で集中型のシステムが多い．

　しかし，東日本大震災で痛感したことは，エネルギーを自給できる町づくりの必要性であった．実際に，筆者（多田）は鳴子温泉で被災したが，水力発電所が近くにあっても電気は使えないのだと感じた．災害に強い町づくりには分散型かつ自給型の発電システムが必要だと考える．とくに，水産加工地域では，多くの水産物を冷蔵冷凍保存しているため，大量の電気を消費する．こういった場所で，町内の工場から排出される廃棄物を少しでも利用してメタン発酵による発電ができないか，と考えた．しかし，魚に関してはアンモニア濃度の問題があり，メタン発酵が導入されている例は少なかった．

　本研究では，水産加工地域から排出される魚アラと排水汚泥の混合メタン発酵によるバイオガス生産を行い，そのガスでガスエンジンを回して発電し，水産加工地域での分散型エネルギー生産を可能にすることを目的とした．

　発酵後に排出する消化液については通常排水処理される．本研究では，省エネ型人工湿地による浄化も検討した．人工湿地は自然の機能である自浄作用を活用した排水処理システムであり，震災時のような電気や水が使えない場合にも，トイレなどの排水の浄化が可能である．

　以上のように，メタン発酵と人工湿地の組み合わせによって，エネルギー供給と排水処理を同時に行う小規模施設を分散的に設置し，自立的なエネルギー生産と排水処理ができる災害に強い町づくりにつなげることを大目標としている．

§1．魚アラのメタン発酵の高効率化

　魚アラには約20％のタンパク質が含まれており，その分解に伴い高濃度のアンモニアが発生し，バイオガス生産効率の低下が懸念される．これまで，アンモニア阻害については，ゼオライトによる阻害除去，カルシウム剤添加による阻害の軽減[3]が報告されている．

　今回は，アンモニア阻害低減のためにカキ殻をリアクターに添加することに

した．カキ殻の主成分は炭酸カルシウム（$CaCO_3$）であり，カルシウムイオン源となること，そして宮城県はカキの産地であるが，広島県とは異なり，カキ殻の再利用については十分に検討されていなかったためである．そこで，カキ殻を添加したリアクターと無添加のリアクターを比較し，魚アラからのメタン発酵効率について比較した．

　メタン発酵の種菌には，豚糞尿の中温メタン発酵槽から消化液を採取して使用した．豚糞尿メタン発酵消化液に，粉砕したタラ（*Gadus* sp.）のアラを添加し，種菌を35℃で馴養した．カキ殻は5 mm² サイズ程度の大きさに粉砕したものを使用した．比較として，試薬の炭酸カルシウム（99.5％）（WAKO）と3 cm × 3 cm に切った炭素フェルト（筑波物質情報研究所）を添加剤として使用した．バッチ試験の培養条件として，500 mL 容積のガラスボトルに，300 mL の種菌と100 mL の活性汚泥，20 g のタラのアラを加えた．下記の3つの系すべてに炭素担体を加え，①炭酸カルシウム試薬を25 g 添加した系，②粉砕カキ殻を25 g 添加した系，③カルシウム無添加系で比較した．分析では，バイオガス発生量を測定し，ガスクロマトグラフィーにてバイオガス中のメタン濃度，CO_2濃度を測定した．溶液中のカルシウムイオン濃度は，イオンクロマトグラフィーにて測定した．
酢酸，プロピオン酸などの有機酸濃度について HPLC で測定を行った．

　分析の結果を図1・1に示す．粉砕カキ殻添加および炭酸カルシウム試薬添加系において，コントロールに比較してメタンガス発生量が高くなった．カルシウムイオンは，カキ殻から溶出していることも確認された．

　図1・2は，プロピオン酸濃度の変動を示す．粉砕カキ殻添加系では，その他の系に比較して培養開始10日から17日にかけて速いプロピオ

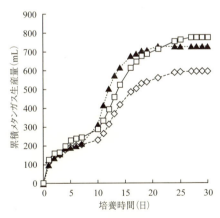

図1・1　魚アラのメタン発酵におけるカキ殻添加によるメタン生産量への影響
◇コントロール，▲カキ殻，□炭酸カルシウム試薬を添加．

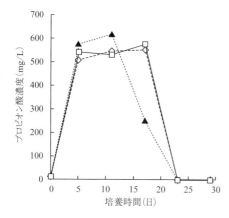

図1・2 魚アラのメタン発酵におけるカキ殻添加によるプロピオン酸濃度の変化
◇コントロール, ▲カキ殻添加, □炭酸カルシウム添加.

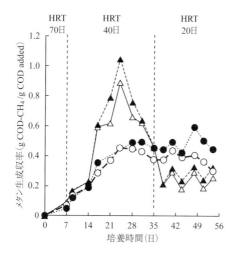

図1・3 メタン発酵（半連続）における投入COD負荷当たりのメタンガス生成収率
△：10% 魚アラ添加, ▲：10% 魚アラ添加＋カキ殻.
○：20% 魚アラ添加, ●：20% 魚アラ添加＋カキ殻.
HRT：水理学的滞留時間.

ン酸分解が見られた. このことから, プロピオン酸分解に関与する共生細菌がより多く存在し, 水素資化性メタン菌との共生関係が良好に行われている可能性が考えられた. これらの結果より, 粉砕カキ殻添加系では, 無添加系に比較してメタンガス発生量が高く, 有機酸分解も速いことがわかった.

同様な実験を半連続でも行った. その結果, カキ殻添加リアクターの方が, 無添加リアクターに比較してメタン生成収率が高かった（図1・3）. このときの NH_4^+-N 濃度は 5000 から 7000 mg/L であり, アンモニア阻害が起こるといわれている濃度であった. しかし, 高いメタン生成収率が得られていることから, カキ殻にアンモニア阻害を抑制する効果があると考えられた. さらに, カキ殻の付着物について DNA 抽出し, PCR-DGGE 法で解析した結果, カキ殻には水素資化性メタン生成古細菌 *Methanoculleus* sp. が付着していることが明らかになった.

以上の結果から, カキ殻は単にカルシウムイオン供給源としてメタン生成古細菌ら嫌気性微生物のアンモニアによる活性阻害を抑制

する効果があるだけでなく，メタン菌の住処としての役割も果たすことが明らかになった．これらの作用が，カキ殻添加によって，魚アラからのバイオガス生成効率を高めていることが考えられた．

§2．小規模メタン発酵システム（タンク容量32 m³）での魚アラのメタン発酵

　§1．の結果を踏まえ，小規模メタン発酵システムは，カキ殻および炭素担体を充填させた反応槽とした（図1・4）．図1・5はシステムの全体図，図1・6は写真を示す．本システムは加温にかかるエネルギーを節約するため，水産加工工場（(株)渡會）の冷蔵庫および冷凍庫用のコンプレッサーからの排熱を利用し，タンクを加温できるシステムにした．この他，ガスエンジンシステムからの排熱も，メタン発酵タンクの加温に用いた．

　原料には，魚アラと工場から排出される活性汚泥水を用い，1日総量1 tを

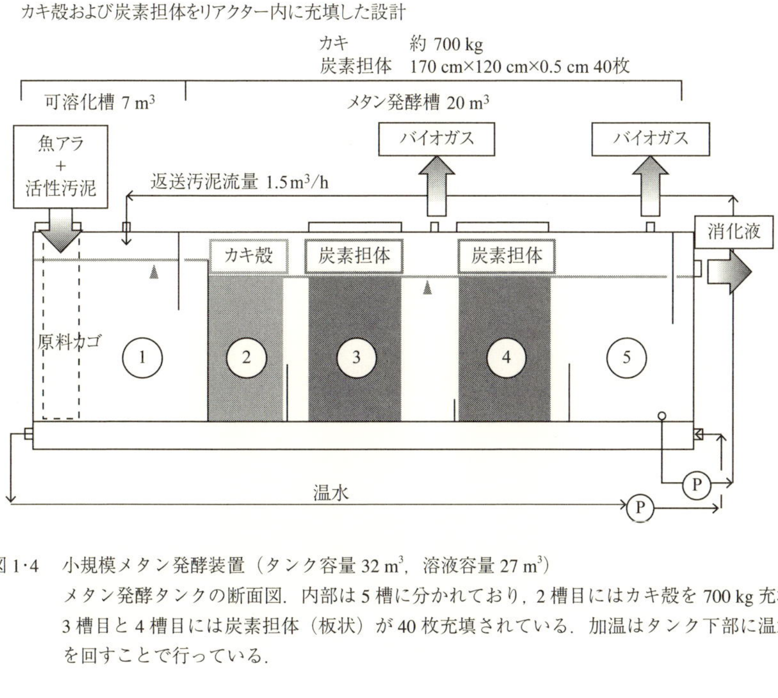

図1・4　小規模メタン発酵装置（タンク容量32 m³，溶液容量27 m³）
　　　　メタン発酵タンクの断面図．内部は5槽に分かれており，2槽目にはカキ殻を700 kg充填，3槽目と4槽目には炭素担体（板状）が40枚充填されている．加温はタンク下部に温水を回すことで行っている．

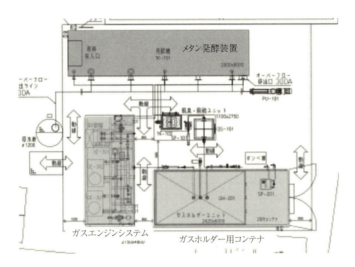

図 1·5　メタン発酵システム全体を上から見た図
　　　　メタン発酵槽（32 m³ タンク），ガス貯留槽（10 m³ ガスバルーンが入っている），バイオ
　　　　ガスエンジン（6 kW，5.5 kW）システムから成る.

図 1·6　メタン発酵システムの写真
　　　　上：奥の黒い箱がメタン発酵タンク. 左下：ガス貯留用のガスバルーン，右下：バイオ
　　　　ガスエンジン（右：6 kW，左：5.5 kW）.

図1・7　原料：魚アラ（タラ）と活性汚泥の様子
　　　　活性汚泥は水産加工工場の排水処理から毎日1 tを引き抜き，メタン発酵タンクへ投入した．魚アラは直接，メタン発酵タンクに投入している．

投入した（図1・7）．魚アラ投入量は，45 ～ 165 kg/dまで徐々に増加させた．その結果，魚アラ45 kg/d投入のとき，COD負荷当たり平均収率70.6％のバイオガス生産が可能であった．最大バイオガス生産量は魚アラ75 kg/dのとき，約9 m³/dであり，6 kW発電機を3時間運転させることにより18 kWhの発電ができた．魚アラの投入量を増加させるごとに，平均の変換収率が徐々に低下していく傾向が見られた．

　実証試験中のタンク内温度は外気温に影響され，外気温20℃以上であればタンク内も30℃程度を維持することがわかった．外気温5℃以下の場合には，タンク内温度は15℃程度であった．

　本研究で最も高い収率を得られたのは，タンク内温度25 ～ 20℃であり，設定温度よりやや低い温度であった．今後，タンク内温度をより最適な温度に維持できればメタン生成効率は高くなる可能性は十分にある．

　このとき，発酵槽内に充填したカキ殻付着物のDNA解析より，水素資化性メタン菌 *Methanospirillum hungatei*，酢酸資化性メタン菌 *Methanosaeta concilli* も付着していた．細菌については，カキ殻には数種の細菌が付着して

いた．これより，カキ殻はカルシウム剤としてだけでなく，メタン生成古細菌および細菌の微生物担体としての役割もあることが明らかになった．

これまで報告されたサバ（TS 5%）のメタン発酵によるメタンガス変換効率は 0.04 LCH₄/gVS added とされ[4]，本結果では 0.61 LCH₄/gVS added（TS 7%）となり，15 倍以上の高い効率を得た．本結果では，有機酸のプロピオン酸や酢酸が検出されなかった．カキ殻に付着した水素資化性メタン菌によって，メタン発酵で律速となるプロピオン酸分解が促進されたためと考えられる．担体には，これまでポリウレタン担体や杉炭担体の報告があるが，これらはコストがかかる，作成の手間が必要といった課題もあった．しかし，宮城県では，産業廃棄物としてカキ殻の処理に困っている．本結果より，カキ殻は担体として非常に安値であり，加工の必要がなくそのままを利用することで有効な効果を得られることが示された．

§3．メタン発酵後消化液の人工湿地による浄化

メタン発酵後の消化液は 1 t/d が排出される．これを人工湿地で排水処理した．人工湿地は自然の浄化作用を活用した浄化システムで，箱の中に礫や砂，ゼオライトのような資材を敷き詰め，その上部にヨシなどの植物を植栽することが可能になっている（図1·8）．消化液などの排水は，人工湿地上部よりパイプを通して排出され，鉛直方向に流れていく間に，土壌中の微生物による有機物分解および土壌による濾過，吸着作用を経て浄化されていく．通常の排水処理に用いられる活性汚泥法では好気性微生物の活性化のためにエアレーションが必要であるが，人工湿地ではそれが不要のため，その分の消費電力を削減できるメリットがある．しかし，処理面積が大きくなるといったデメリットもある．

本研究では，省スペース化を図り，重層型の人工湿地を開発した．従来法では 1 段 1 スペースを使用していたが，重層型では，これらを重ねることで省スペース化している（図1·9）．本研究では，この重層型人工湿地を 100 m² で作製した（図1·10（口絵））．1 段目には，直径 5 ～ 10 mm のリサイクルガラス造粒砂を，2 段目には直径 0 ～ 5 mm のリサイクルガラス造粒砂を入れた．リサイクルガラス造粒砂の透水係数は 1.3×10^{-2} cm/s であり，砂 1.0×10^{-3}

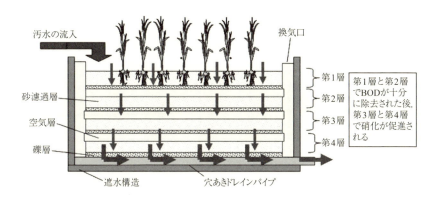

図1·8　従来型の人工湿地
　　　従来型人工湿地は，高低差のある土地に，上から1段，2段，3段と下へ向かって設置され，汚水は1段目から入り，2段目3段目へと流れる．その間に，微生物によって浄化される．設置する土地に高低差が必要で，広い面積が必要である．

図1·9　重層型人工湿地
　　　従来型人工湿地の各段数をすべて重ねることで，設置面積の削減が可能になっている．

cm/s に比較して高く，廃ガラスのリサイクルが可能というメリットがある．3段目には，直径1.4 mm のゼオライトを入れた．ゼオライトはアンモニア除去効果を期待している．それぞれの段の上部5 cm には珪酸カルシウム剤を入れた．珪酸カルシウムはリンの除去性能が高いこと，アルカリ度を補う効果を期待している．

　魚アラのメタン発酵後の消化液は化学的酸素要求量（COD）約 10000 mg/L,

全窒素（TN）約 1100 mg/ L，アンモニア約 650 mg/ L，全リン（TP）約 520 mg/ L であった（図 1・11，1・12）．COD および TP については，1 段目処理によって 90％程度の除去が可能であった．2 段目，3 段目処理をすることで除去率が徐々に増加した．しかし，TN については 1 段目処理で約 39％の除去，2 段目，3 段目で除去率は高まるが，最終的な除去率は 60％程度にとどまった（図 1・12）．この原因として，アンモニアは 1 段目処理で 76％が酸化され，3 段目ではほとんどが酸化されているが，硝酸態窒素の状態でとどまり，脱窒が起こっていないことがみてとれる．

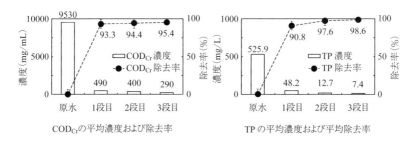

COD_{Cr}の平均濃度および除去率　　　　　TP の平均濃度および平均除去率

図 1・11　重層型人工湿地による処理水の COD_{Cr} および TP 濃度と除去率
　　　　有機物の指標である COD_{Cr} は，1 段目処理水で 93.3％除去ができる．
　　　　TP 濃度も 1 段目処理水で 90.8％の除去率で，3 段目処理水では，98.6％の除去であった．

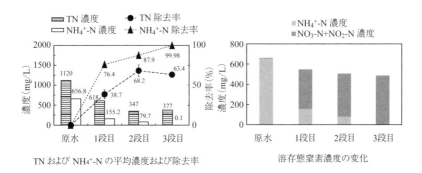

TN および NH₄⁺-N の平均濃度および除去率　　　　溶存態窒素濃度の変化

図 1・12　重層型人工湿地による処理水の TN および溶存態窒素濃度と除去率
　　　　アンモニア態窒素は酸化され，硝酸態窒素になるが，脱窒が滞るため TN 除去率は低い．

§4. 人工湿地の処理能力と季節変化

人工湿地の処理能力について，季節変動との関係を示す（図1·13）．TN を除き，COD，TP，NH_4^+-N 除去率ともに水温による違いはほとんどなく，ほぼ一定で高かった．TN 除去率はばらついており，水温との相関関係も見られなかった．よって，TN 除去率は水温以外の別因子による変動が生じているといえる．

TN 除去には，アンモニアの酸化が進行する好気条件と脱窒が進行する嫌気条件が必要である．本研究では，人工湿地の運転条件を変更することで，窒素除去率の向上を目指した．図1·14 には2巡する条件の水質結果を示す．2巡とは3段目処理まで終わった処理水を再び1段目から3段目まで処理する方法である．その結果，2巡回すことにより窒素除去率が80〜90%近くまで改善した．また，集水枡1に原水をしばらく停滞させる条件でも TN 除去率が向上する傾向が見られた．しかし，人工湿地における窒素除去は容易ではなく，処理水に含まれる窒素の有効活用方法についても検討した．

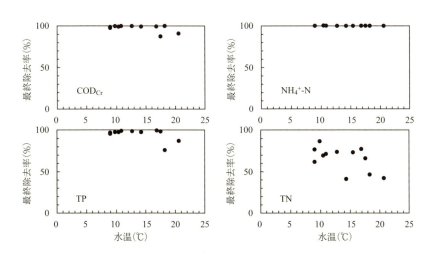

図1·13　季節変動による各水質項目の除去効率の変化
　　　　季節変動による水温変化があるが，有機物の指標である COD_{Cr} や TP，NH_4^+-N の除去率は 90%以上と高いまま維持されている．しかし，TN は除去率が低い．

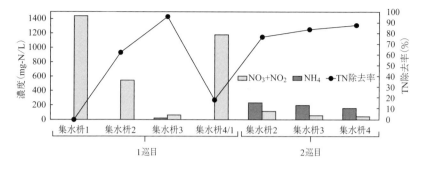

図1・14　2巡させることでの窒素濃度と除去率の変化
　　　　　一度，人工湿地の1段目から3段目まで処理された処理水を，再度，1段目に送り，2巡
　　　　　させている．2巡させることで脱窒が起こる．

§5．人工湿地での処理水を用いた微細藻類の培養

　近年，微細藻類の中には，有用な油脂を蓄積することもあることから，サプリメントや化粧品，また，代替エネルギー源として注目を集めている．微細藻類の増殖には必須主要元素として窒素，リンがある．これまでにも，微細藻類の培養に，様々な排水の利用が試みられている．通常，微細藻類の培養には，排水などを濾過して利用する場合が多い．それは，排水に含まれる細菌類が，藻類の増殖に悪影響を及ぼすことがあるためである．

　本研究では，魚アラのメタン発酵消化液の有効利用を目的に，微細藻類の中でも，*Euglena gracilis* について，消化液や人工湿地処理水が培養に利用できるかを検討することとした（図1・15）．まずは，メタン発酵消化液を用いて *E. gracilis* の培養を試みた．メタン発酵消化液の原液，10倍希釈したもの，遠心分離後の上澄みをそれぞれ用いて培養した．しかし，CM培地での増殖は可能であったのに対し，消化液を用いた培養ではまったく増殖を示さなかった．そこで，人工湿地処理水を用いて培養を行った．1段目，2段目，3段目の各段の処理水を無希釈，10倍希釈，100倍希釈して *E. gracilis* の培養液に使用した．

　図1・16に結果を示す．消化液では培養不可能だったのに対し，人工湿地処理水では *E. gracilis* の増殖が認められた．とくに，2段目処理水の10倍希釈水でCM培地に比較して高い増殖量が得られた．3段目処理水では，処理水原液でもCM培地と同様の増殖量が得られた．これより，人工湿地処理水は，

図1·15　重層型人工湿地での原水（消化液）と各段の処理水
　　　　左から順に，消化液（原水），1段目処理水，2段目処理水，3段目処理水となる．徐々に
　　　　色がなくなり，透明度が高まっていることがわかる．

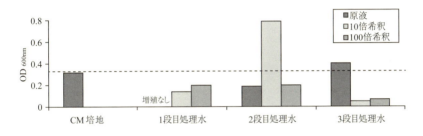

図1·16　人工湿地処理水を用いた *E. gracilis* の増殖
　　　　人工培地の CM 培地と比較して，1段目処理水では，*E. gracilis* の増殖量が少なく藻類の
　　　　増殖阻害が生じているが，3段目処理水では，無希釈（原水）でも CM 培地と同様に増加
　　　　でき，培地と同様に利用可能であることがわかる．

微細藻類 *E. gracilis* の培地として利用可能であることが示された．3段目処理水では，原水で増殖可能だったことから，希釈水が不要というメリットも得られた．世界の水需要の70％が農業利用され，今後2025年までに水需要はさらに増加するとされている．人工湿地は水の再利用，さらに窒素，リンの肥料供給源として農業・水産業へ活用可能な循環型システムであるといえる．

§6. メタン発酵システムと重層型人工湿地の消費電力

　魚アラのメタン発酵システムの場合，タンクの加温に，工場およびガスエンジンからの排熱を利用し，熱量が足りない場合には電気ヒーターを用いた．ヒーターを使用しない場合，1日の電気使用量は 6.67 kWh である．魚アラの

メタン発酵によるバイオガス生産量の平均 7 m³ からの発電量が 13.9 kWh/d より,消費電力より発電量が上回った.しかし,ヒーター使用の場合には 70 kWh/d が消費されるため,魚アラのメタン発酵によるバイオガス生産量では,この消費に見合う発電ができなかった.これをまかなう発電量のためには 38.3 m³ のバイオガス生産が必要である.今回,魚アラでは難しかったが,生ゴミを主体としたメタン発酵であれば,これまでの報告から 1 日 353 kg の生ゴミで十分にこのバイオガス生産は可能である.よって,バイオガス生産効率の高い原料を選ぶことにより,本システムはエネルギー収支がプラスのシステムになり得る.

人工湿地の消費電力量は毎月 18 kWh であり,有機物負荷当たりの消費電力は,通常の下水処理施設[5] と比較しても非常に高い省エネ率であった.

§7.　最後に

今回,魚アラのメタン発酵と消化液の人工湿地による浄化,および,微細藻類の培養といったことで,資源循環が十分に可能であることが示された.エネルギー収支では,魚アラの場合には,気温が低くなり,排熱によるタンク加温が追いつかなくなるとエネルギー収支が合わなくなるが,気温が高いときには十分にエネルギー収支がプラスになることが明らかになった.魚アラのメタン発酵効率は学術的には既往研究の 15 倍高い効率を得たが,実装するには魚アラのみの原料では非効率であり,今後,地域から排出される生ゴミや紙類を混合して発酵することで,より効率的なバイオガス生産が可能になるといえる.人工湿地については,消化液の直接的な肥料利用が難しい場所において,省エネ型の排水処理システムとして有望である.ただし,窒素除去率がまだ低いため,これらの改善のために嫌気性処理をプラスする,あるいは窒素除去を行わずに処理水をダイレクトに微細藻類の培養に利用することも可能であり,これにより水資源を循環させることも可能になることが明らかになった.本システムは,消化液の液肥利用が地域内で広まれば,十分な利益を回収でき,かつ分散型エネルギー生産が可能なシステムである.今後,こういった小規模システムが地域の資源循環,分散型エネルギー生産に貢献し,災害に強い町づくりの一助となることを願っている.

謝　辞

　本研究を推進するにあたり，宮城県塩竈市にある株式会社渡會には，実証試験場所の提供，原料提供，日々の作業のサポートなどの様々な点で多大なご協力をいただいた．ここに感謝を申し上げる．

　また，本研究は，文部科学省震災復興事業，東北マリンサイエンス拠点形成事業（新たな産業の創成につながる技術開発）の補助金助成をいただき遂行した．これまで，様々なサポートをいただいた関係者の皆様にここに感謝申し上げる．

文　献

1) Gallert C, Bauer S, Winter J. Effect of ammonia on the anaerobic degradation of protein by a mesophilic and thermophiloc biowaste population. *Appl. Microbiol. Biotechnol.* 1998; 50: 495-501.

2) Chen Y, Cheng JJ, Creamer KS. Inhibition of anaerobic digestion process: a rewiew. *Bioresource Technol.* 2008; 99: 4044-4064.

3) Tada C, Yang Y, Hanaoka T, Sonoda A, Ooi K, Sawayama S. Effect of natural zeolite on methane production for anaerobic digestion of ammonium rich organic sludge. *Bioresource Technol.* 2005; 96: 459-464.

4) Eiroa M, Costa JC, Alves MM, Kennes C, Veiga MC. Evaluation of the 203 biomethane potential of solid fish waste. *Waste Management* 2012; 32: 1347-1352.

5) 東京都下水道局 . H21 年度東京都下水道局環境報告書 . 2010; 6-12.

2章　津波による油汚染と漁場の浄化技術

荒川久幸[*1]・池田吉用[*2]・和泉　充[*3]

　海洋ではしばしば燃油の流出事故が発生している．日本沿岸でも燃油タンクやタンカーの破損により多量の燃油が流出し，沿岸に漂着している．沿岸に漂着した油はその海域の種々の生物を汚染し，斃死や着臭を引き起こし，水産業へ害を及ぼすことが報告されている[1]．

　2011年3月，三陸沿岸に巨大な津波が押し寄せ，沿岸に設置されていた燃油タンクはほとんど倒壊し，多量の燃油が流出した．気仙沼湾では石油タンク23基中21基が破壊され，重油の流出量は，1997年に発生したナホトカ号事故の約2倍に当たる1.2万kLであったといわれている[2]．流出した油の一部は引き波とともに湾外へ流出し，一部は津波で巻き上げられた粒子とともに沈降し海底に堆積した．また別の一部は海面で火災を起こし，多環芳香族炭化水素Polycyclic Aromatic Hydrocarbons（PAHs）に変質したのち，海底に堆積した[2,3]．すなわち，本流出事故によって気仙沼湾では大規模な海底の油汚染が発生した．

　宮城県水産技術総合センターは，津波から約5ヶ月後の気仙沼湾海底の泥中の油の含有と臭いの程度を調査し，湾奥の広い範囲で油が確認されることを報告した[4]．

　従来，気仙沼湾は養殖業が盛んであることから，早期の漁場の再生が望まれた．この実現のためには，海域の油汚染状況の詳細把握および油汚染された底泥の効率的な浄化が求められる．

　そこで，油汚染漁場の再生事業モデルの構築を目的に，気仙沼湾を対象海域として，①底泥の油汚染分布の把握技術開発，②油汚染底泥の浄化技術開発を行い，事業化の可能性を検討することとした．

[*1]　東京海洋大学学術研究院海洋環境学部門
[*2]　東京海洋大学産学・地域連携推進機構
[*3]　東京海洋大学学術研究院海洋電子機械工学部門

§1. 底泥の油汚染分布の把握技術開発

1・1　気仙沼湾底泥の油濃度

　東京海洋大学では津波後の気仙沼湾の油分の分布について，ノルマルヘキサン抽出物質濃度（以下 NHE），全石油系炭化水素（以下 TPH），PAHs に分けて定量的な調査を行った．観測点は湾内に 21 点設定した（図 2・1）．2012 年 2 月に行った最初の観測では，底質を採取後バットに移すと底泥から油膜が広がった．採泥時の油膜はその後の観測でもたびたび観察された．表 2・1 に 2013 年 7 月の NHE，TPH，および PAHs の海域別濃度を示した．NHE および

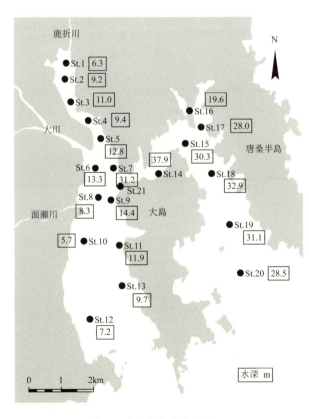

図 2・1　気仙沼湾の調査海域
●は観測点，数字は水深.

表 2・1　震災後（2013 年 7 月）の気仙沼湾の底泥の油分

海域	観測点	NHE （mg/kg DW）	TPH （mg/kg DW）	PAHs （μg/kg DW）
湾奥部	St. 1-5	400-3500	<100-500	472-3905
西湾部	St. 6-11，21	2000-4900	<100-600	356-6208
水道部	St. 14-17	2200-4200	100-500	3213-6384
東湾部	St. 18-19	1800-2200	200-300	7373-48400
湾口部	St. 12，13，20	<100	<100	464-2393

TPH の濃度は湾奥部，西湾部，水道部で高く，湾内の広い範囲で水産用水基準 1000 mg/kg DW[5] を超えていた．一方，PAHs は東湾で高かった（中村ら，未発表）．採泥による調査分析では，採泥点の詳細な濃度と全体的な分布の傾向は把握できるものの，広い範囲での詳細な分布や局所的な高濃度の場所を把握することができない．効率的に高濃度の汚染泥を取り除くためには，油濃度分布を詳細に把握するシステムが必要である．

1・2　紫外レーザーを利用した観測システム

　一般に，海洋に流出した油類は海面を広がり，一部は気化し，また一部は海水に溶け，他の多くは海水を含みながら次第にエマルジョン化する．その後集塊状になり海底へ沈降する[1]．今回の津波では流出した多量の重油の多くの部分は引き波とともに気仙沼湾外へ流出したが，湾に残った油は津波で撹拌された粒子とともに海底へ沈降，堆積したと考えられる．

　汚染された範囲が広いことから迅速な分布調査が求められた．海面の油膜の調査手法は種々考案されている[6-8]．しかしながら，海底に堆積した油は海底粒子とともに採取し分析する手法しか存在しない．本事業ではまず紫外レーザーを利用した観測システムを開発することを目的とした．

1）気仙沼湾の底泥の蛍光

　気仙沼湾において底泥の蛍光が得られるか，また底泥の油濃度との対応があるのかを検討した．気仙沼湾の底泥を 2012 年 12 月および 2013 年 7 月に採取して実験室にもち帰り，UV（波長 370 nm）を照射してその蛍光の波長分布を調べた．結果は図 2・2 のようになった．図 2・2 A には底泥の蛍光に加えて，A 重油および C 重油の蛍光を示した．A 重油は混合されている蛍光剤の強い蛍光が見られる．C 重油では可視域全体に弱い蛍光が見られる．本事故によって

流出した油はほとんどが A 重油であったとされている．しかしながら，底泥の蛍光は A 重油のそれとは大きく異なっていた．底泥からの蛍光は波長 550 nm 付近に極大が見られた（図 2・2 B, C）．蛍光量と底泥の油分（NHE）との間には，有意（$P < 0.05$）な関連があった．このことから海底の蛍光を検出す

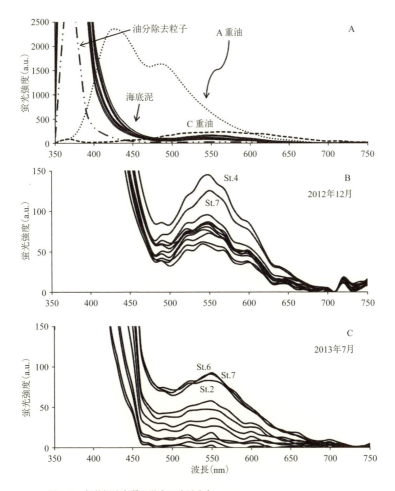

図 2・2　気仙沼湾底質の蛍光の波長分布
　　　　A：A 重油，C 重油および気仙沼湾の海底泥の蛍光のスペクトル分布．
　　　　B：2012 年 12 月の海底泥の蛍光のスペクトル分布．
　　　　C：2013 年 7 月の海底泥の蛍光のスペクトル分布．

ることで海底の油分を把握できる可能性が示唆された.

2）非接触型油分測定システムの開発

本事業では短期間で広範囲の面積の詳細調査を目的として，海面で信号光の発光，受光を行うシステムを開発した．本システムは，Sasano *et al.*[9]のサンゴライダーの基本的な設計を用いている．海面から紫外レーザー（レーザータイプ，Nd：YAG，波長：355 nm，エネルギー：50 mJ/pulse）を照射し，海底の油の蛍光を海面の集光器（集光鏡直径：200 mm，Vixen VMC2001）で検出するものである．本システムの概要を図2・3に示した．海面から照射されたレーザー光はカヌーの底面のガラス面を通過して，海底まで減衰しながら透過する．海底に到達したときの光量に応じて蛍光が発生し，その蛍光は減衰しながら海面へ到達する．この光を集光器と光電子増倍管で増幅し検出するものである．

本システムは海水が清澄な海域では水深20 m程度までの油の検出には適していると考えられた．しかしながら，2年間にわたって行われた気仙沼湾の海

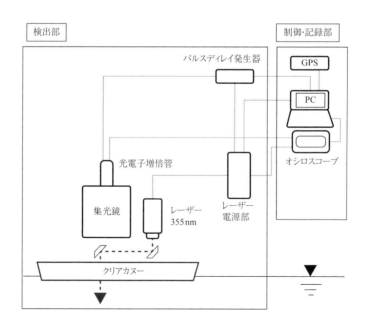

図2・3　非接触型油分測定システムの概略

水の濁度調査により，気仙沼湾は周年高濁度状態が継続した．本海域における
本システムの観測限界水深を算出したところ，冬季の検出限界は A 重油および
び C 重油でそれぞれ 2.9 〜 9.9 m および 2.3 〜 9.2 m であり，夏季の検出限界
はそれぞれ 3.1 〜 7.2 m および 2.2 〜 5.7 m となった．本システムの気仙沼湾
での使用の期間や海域は限定されると考えられた．

1・3　海底曳航型観測システム

　気仙沼湾で海底の油分布を詳細に把握するためには海水の濁りの影響を受け
ないシステムが必要である．そこで励起光および蛍光を光ファイバーで海底ま
で導入するシステムを作製した．図 2・4 にそのシステムの構成を示す．本シ

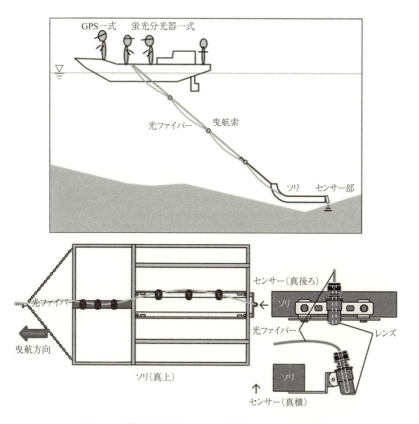

図 2・4　曳航型油分測定システムの運用とセンサー部の概観

ステムは LED 光源の紫外放射を光ファイバー（30 m）で海底まで導き，底泥に直接照射し，その蛍光を再び光ファイバーで水面まで導いて分光器（JAZ, Ocean optics inc.）で分析する．

　光ファイバーを用いた場合，気仙沼湾の底泥の蛍光量と油分との間では，NHE 濃度では有意な関係が見られなかったが（$P > 0.05$），PAHs 濃度では有意な関係が見られた（$P < 0.05$）．このことから，気仙沼湾湾奥部において本システムを用いて試験的調査を行った．事前にサイドスキャンソナーで調査予定海域の海底の様子を見たところ，大きな瓦礫が多数確認された．そのため，瓦礫の間を断続的に観測した．

　図 2·5（口絵）は観測海域における油分分布を示す．湾奥の調査範囲は全体に高い濃度（1000 µg/kg DW 以上）を示すが，その中でも大きな濃度変化があることがわかった．このことから，周年濁度の高い気仙沼湾の調査には本システムが適していると考えられた．

§2．油汚染海底泥の浄化技術開発

2·1　底泥脱油脂装置実証試験機の製作

　水底の堆積汚泥の浄化技術には代表的なものとして浚渫法と覆砂法がある．浚渫法は物理的に底泥を除去することで水質・底質汚染を改善する方法である．覆砂法は，底泥を清浄な土砂で覆うことで水質・底質汚染を改善する方法である．これらの手法は諸外国を含め多くの実績がある．

　しかし，これらの方法にはいくつかの問題点が挙げられている．浚渫法には，①浚渫中に発生する濁りによる水質汚染，②浚渫土の廃棄場所不足，③浚渫土の有効活用法の不足など，覆砂法には，①使用に適した砂の枯渇，②汚濁源を除去したことにはならないなどが問題点として指摘されている．そこで，中村ら[10] は浚渫土の廃棄場所不足と有効活用法の不足を解決し，覆砂に適した砂の枯渇も解決する方法として，過熱水蒸気を用いた原位置底泥浄化工法（図2·6）を提案した．この工法の有利な点は過熱水蒸気を用いて海上で油分，硫化物，COD の除去を行い，浄化泥を海中に戻すことにより，浚渫法と覆砂法の双方の課題を解決できることである．また，佐藤ら[11] や稲田[12] は陸上土砂の汚染対策として取られる従来の主な方法である，①土砂の洗浄，②キルン処

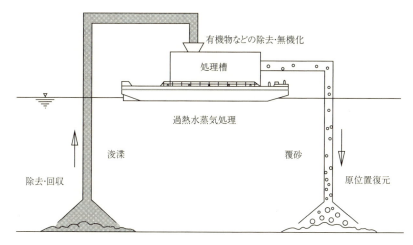

図 2·6　過熱水蒸気処理システムを利用した原位置底泥浄化工法
　　　　除去・回収した海底土砂を船上の過熱水蒸気処理施設で有機物等の除去・無機化を行い，
　　　　それを覆砂材として海底に投入する工法（特許第 5512066 号　国立大学法人東京海洋大学，
　　　　東洋建設株式会社）．

理，③焼却処理，④バイオレメディエーションについてそれぞれの手法のもつ
種々の問題点を整理し，過熱水蒸気処理には従来法にない利点のあることを挙
げている．それらは，①酸素をほとんど含まない炉内雰囲気に比較的簡便にで
き，防爆性，非酸化性を有する，②同温度の空気（熱風）と比べると，過熱水
蒸気による熱伝達率が高く，大きな熱エネルギーを有しており，設備をコンパ
クトにできる，③処理中に発生した水以外の成分を水蒸気とともに凝集回収で
きるなどである．

　これらのことから，油汚染海底泥の浄化対策として過熱水蒸気を用いること
で従来方式よりも低コストの対策技術の開発ができると考え，底泥脱油脂装置
実証試験機を製作した．この試験機の加熱装置は外熱式ロータリーキルン型で
ある．試験機に投入された土砂は回転する円筒形の炉内で撹拌・加熱されなが
ら移動し，熱と水蒸気の効果で土砂から油分を分離する（図 2·7）．

　過熱水蒸気処理の諸条件として，バッチ式処理による予備実験を行い，処理
時間，蒸気量および温度について調査した．処理時間は過熱水蒸気を用いるこ
とで短縮され，過熱水蒸気の添加量は 10 ％程度が有効であった．水蒸気の温

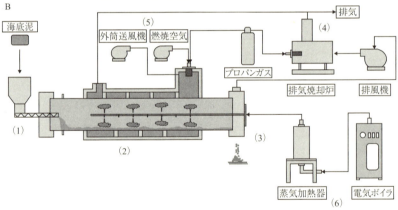

図2·7　汚泥脱油脂装置実証機の機器構成

　　　　A：実証機の外観，B：汚泥処理のフロー.

　　　　B：図中で左側のホッパー（1）から乾燥した海底泥を投入し，ロータリーキルン（2）で過熱水蒸気を作用させて加熱して油分と土砂を分離し，ロータリーキルン末端（3）で処理済泥を排出する．排気に含まれる油分は，排気焼却炉（4）で分解処理する．なお，ロータリーキルンの外筒部はプロパンガスを燃焼して加熱（5）し，内筒部は過熱水蒸気で加熱（6）する．

度は 300℃でほとんどの油分を土砂から分離できることが確認された．そこで，本底泥脱油脂装置実証試験機の目標処理温度は 300℃とした．

　技術開発後に事業化することを考えると，海底泥に対して大規模な油汚染が発生することは稀なケースであるため，現地に設備を移動して迅速に環境浄化活動を開始できる必要があると考え，ボイラーや排気管などの付帯設備を除く本体部分についてはトレーラーに搭載可能なサイズとした．なお，佐藤ら[11]，稲田[12] が用いた，排気を本体加熱用に再利用する装置は，底泥に含まれる油成分が熱源とするには低濃度であること，装置が大型化しトレーラーへの搭載が難しくなることから実装の検討を中止した．

　なお，実証試験の試料海底泥には，気仙沼湾で採取したものを用いた．採取して静置し，余水を取り除いたときの含水率は概ね 50 〜 60％の範囲であった．このままでは底泥脱油脂装置実証試験機には投入できないため，含水率 15％以下まで乾燥させる必要がある．試料海底泥の乾燥には，陰干しと風乾により約 1 週間で乾燥することができた．しかし，われわれが当初想定した原位置底泥浄化工法（図 2・6）のように台船上で海底泥を乾燥させる場所が確保できない場合や短時間で計画的に乾燥させる場合では，底泥の乾燥機が必要となる．そこで本実証試験機と合わせて，過熱水蒸気を用いたコイル撹拌式ジャケット加温型乾燥機も試作した．

2・2　油汚染海底泥の浄化試験

　実証試験機の過熱水蒸気の有効性を確認するため，過熱水蒸気を供給した場合と供給しない場合の脱油脂効果を検証した．水蒸気なしの場合，炉内温度 400℃設定での処理で TPH が検出された．これに対して水蒸気ありの場合，炉内温度 400℃設定でも TPH の濃度は検出限界未満であった（表 2・2）．この試験結果から，過熱水蒸気を供給した場合の脱油脂能力が高いことを確認した．次に，処理条件を炉内温度 300℃に設定して底泥脱油脂処理を行ったところ，油分（NHE），TPH の濃度はいずれも検出限界未満となった．この結果により，本底泥脱油脂装置実証試験機は，処理温度 300℃で油汚染泥の浄化処理が可能であることが確認できた．

表 2·2　過熱水蒸気の処理効果

処理条件	含水率 （%）	NHE （mg/kg DW）	TPH （C$_6$-C$_{44}$） （mg/kg DW）	（参考値　TPH 内訳）		
				C$_6$-C$_{12}$ （mg/kg DW）	C$_{12}$-C$_{28}$ （mg/kg DW）	C$_{28}$-C$_{44}$ （mg/kg DW）
処理前	13	3500	600	100 未満	400	200
400℃ 蒸気なし	0.72	100 未満	200	100 未満	200	100 未満
400℃ 蒸気あり	1.1	100 未満	100 未満	100 未満	100 未満	100 未満
300℃ 蒸気あり	0.15	100 未満	100 未満	100 未満	100 未満	100 未満

2・3　油汚染海底泥の浄化コスト

　油汚染海底泥の脱油脂処理は，＜海底泥の採取＞⇒＜底泥の乾燥＞⇒＜乾燥底泥の脱油脂＞⇒＜最終処分＞の段階を経て実施され，各工程において費用が発生する．＜海底泥の採取＞と＜最終処分＞についてはその実施規模や実施方法により作業に要するコストに大きな差が生じるため，ここでは＜底泥の乾燥＞および＜乾燥底泥の脱油脂＞の 2 点に的を絞りコストを検証する．

　＜底泥の乾燥＞については底泥乾燥機が電気で稼働するため，クランプ電力計を用いて底泥の乾燥時の積算電力量を求めた．底泥の乾燥コストは 4 回のバッチ処理の平均値から 21574 円／m^3 となった．

　＜乾燥底泥の脱油脂＞については，底泥脱油脂装置実証試験機がガスと電力で稼働するため，ガスはガス流量計で積算ガス使用量を求め，電力はクランプ電力計を用いて積算電力量を求めた．このとき，炉内に投入する底泥の単位時間当たりの切り出し量を変えて処理コストを整理した．炉内に投入する汚泥は仕様では 20 kg/h で，その場合の処理コストは 36526 円／m^3 であった．切り出し量を増やせばその分加熱時間が減少するため処理コストは低減され，50 kg/h では 14834 円／m^3 となった．しかし切り出し量を 40 kg/h，50 kg/h とすると底泥の脱油脂処理が十分行われず，油成分が検出された（表 2·3）．このため本底泥脱油脂装置実証試験機の処理能力は 30 kg/h が上限と考えられ，そのときの処理コストは 25825 円／m^3 である．このときの試験機内の温度と積算ガス使用量，積算電力使用量の変化を図 2·8 に示す．脱油脂装置の温度は 300℃設定の時，水蒸気 250℃，底泥 200℃でいずれも安定していた．

表 2·3　切り出し量による油分残量の相違

切り出し量 （kg/h）	含水率 （％）	NHE （mg/kg DW）	TPH （C_6-C_{44}） （mg/kg DW）	（参考値）		
				C_6-C_{12} （mg/kg DW）	C_{12}-C_{28} （mg/kg DW）	C_{28}-C_{44} （mg/kg DW）
脱油脂前	13.5	2600-2900	1100	100 未満	900	300
20	0.29	100 未満	100 未満	100 未満	100 未満	100 未満
30	0.41	100	100 未満	100 未満	100 未満	100 未満
40	0.3	500-1300	300 - 600	100 未満	200-400	100 以下
50	14.3	300-800	200 以下	100 未満	200 以下	100 未満

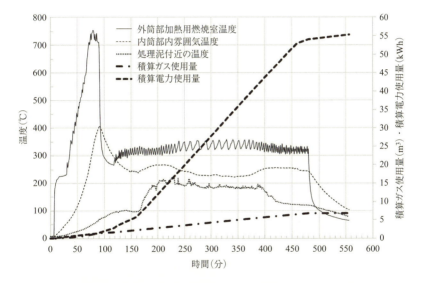

図 2·8　土壌脱油脂処理中（加熱水蒸気設定温度 300℃）の試験機内で測定された温度の時間変化
および積算ガス使用量と積算電力使用量
　　　　0 分から 90 分頃：結露抑制のため外筒部加熱用燃焼室温度を高く設定し，試験機全体を
予熱する．90 分から 480 分頃まで：乾燥した海底泥を投入しながら，過熱水蒸気・本体
設定温度 300℃で自動運転する．内筒部や処理泥付近の温度は，土壌の処理に熱を奪われ
て設定温度よりも低い．480 分以降：加熱を終了し内筒部内に残っている処理泥の排出を
行う．

　当初の目標とした提案方式（図2·6）では，浚渫した作業台船上で脱油脂処理を行い，処理済み泥を覆砂材として用いることで，土運船運搬コストや覆砂材コストを低減できることを想定していた．しかし，実際の運用上は，台船上で浚渫泥とともに濁水を静置する場所を確保する必要があることや，台船上に特殊な機器類を設置するため電気，燃料を供給する必要があり，作業台船に加え，泥艙を有する土運船を組み合わせて運用するか，または専用作業台船を開発する必要があると思われる．そして，時間当たりの浚渫土砂量，泥艙に収容可能な土砂量，濁水中の懸濁粒子が沈降するのに要する時間，底泥乾燥機の時間当たりの処理量，底泥脱油脂装置の時間当たりの処理量，最終処分に要する時間などについて検討し，処理のボトルネックとなる過程がないように作業スケジュールを調整しなければ，台船上の限られた場所で浚渫から覆砂まで完結させることは難しい．とくに今回試作した底泥脱油脂装置実証機は，トレーラーに搭載可能な大きさであるため，20 kg/h という処理能力（実験結果による最大処理能力30 kg/h）で，底泥乾燥機もこの処理能力に合わせて設計した．処理能力を増強する場合は，台船上に実証機相当の底泥脱油脂装置を複数台設置したり，より大型の脱油脂装置で作業効率を向上することが考えられる．

　処理泥の海洋投入処分にあたっては，ロンドン条約96年議定書を受けて改正された海洋汚染等及び海上災害の防止に関する法律（以下，海洋汚染防止法という）が2007年4月1日から施行されたことを受け，浚渫土砂の海洋投入処分を実施する場合には環境大臣の許可などが必要である．一方，関係省庁で処分する際の手続きについて指針がまとめられており，浚渫海域への処理泥の再投入は不可能ではないと思われる．しかしながら，気仙沼湾は漁港・港湾であるだけでなく，養殖漁場としても広く高度に活用されているので，計画に際しては関係機関・漁業協同組合などから広く意見を集めて実施の可否を十分に検討し合意形成する必要がある．

§3．事業化の可能性

　本東北マリンサイエンス事業では，海底の詳細な油分分布測定技術および海底泥の油分の浄化処理技術について，開発し，試験運用を行った．

　海底油分測定システムでは，海水の濁りの状況に応じて，低濁度用の非接触

型測定システムおよび高濁度用の曳航型測定システムを作製した．気仙沼湾は周年高濁度の海水が支配的であることから，後者のシステムが適していると考えられた．本システムは 1 kt で運用することができることから，調査の総距離 100 km の場合，運用時間を 1 日 6 時間とすると約 10 日間で調査を終えることができる．その事業費は調査機材の償却と人件費などで概ね 1000 万円程度と算出された．

　一方，底泥脱油脂装置実証試験機の運用では，過熱水蒸気 300℃雰囲気の条件で底泥から油分を十分に取り除くことができた．また，30 kg/h の処理速度が効率的であると考えられた．しかし，その処理費は約 2 万円／ m^3 と概算され，高額である．湾内の高濃度海域 1 km^2 を厚さ 0.1 m で処理するとして，約 20 億円必要となる．さらに採泥浚渫に必要な費用および採泥粒子の 1 次乾燥（浄化システムへの投入土砂は含水 15％以下）の費用，最終処分費用（処理済み泥を覆砂材として使用することも含む）が発生する．

　震災から 5 年以上が経過して，気仙沼湾では養殖漁業が急速に回復している．また底質の油分は経年的に減少している．これらのことから本事業による開発技術を気仙沼湾の漁場の再生に利用する必要性は低下している．しかしながら，世界的にみると，海域の油汚染はたびたび発生していることから，本開発技術は海域の早期の回復には重要である．

文　献

1)　徳田 廣．海洋における流出石油の自然浄化と生物への影響．日本海水学会誌 1991; 45: 276-282.

2)　山本光男，横山勝英，吉永郁生．気仙沼舞根湾における重金属類と流出油の水質・底質への影響．海洋と生物 2012; 34: 538-544.

3)　酒井敬一．東日本大震災の水産被害と水産試験場の対応．宮城県水産技術総合センター気仙沼水産試験場．日水誌 2013; 79: 93-94.

4)　酒井敬一．宮城県における水産業の被害状況と復興への取り組み．日水誌 2012;

78: 285-287.

5)　日本水産資源保護協会．水産用水基準 2012 年版．2013; p104.

6)　Brown CE, Fingas MF. Review of the development of laser fluorosensors for oil spill application. *Marine Poll. Bull.* 2003; 47: 477-484.

7)　Kim M, Yim UH, Hong SH, Jung JH, Choi HW, An J, Won J, Shim WJ. Hebei spirit oil spill monitored on site by fluorometric detection of residual oil in coastal waters off Taean, Korea. *Marine Poll. Bull.* 2010; 60: 383-389.

8)　Morinaga T, Arakawa H, Shoji M, Kiyomiya

42

T. Estimate of the slick thickness for leaked heavy oil from sunken Nakhodka in sea of Japan. *La mer* 2003; 41: 114-121.

9) Sasano M, Matsumoto A, Imasato M, Yamano H, Oguma H. Coral observation by fluorescence imaging LIDAR on a glass-bottom boot. *J. Remote Sens. Jpn.* 2013; 33: 377-389.

10) 中村 宏, 河口真紀, 佐藤道祐. 過熱水蒸気を利用した閉鎖性水域の汚染底泥の浄化技術の開発. 過熱水蒸気技術集成 2005; 143-151.

11) 佐藤道祐, 中村 宏. 過熱水蒸気による油汚染土壌の浄化技術開発. 建設機械 2010; 46: 20-25.

12) 稲田 勉. 過熱水蒸気による汚染土壌浄化・底泥浄化の可能性. 建設の施工企画 2009; 47-52.

3章　東北サケマス類養殖事業イノベーション

潮　秀樹[*1]・北澤大輔[*2]・水野英則[*3]

　東北地方のギンザケ養殖については，北欧や南米の安価な養殖魚の流通と大手企業の撤退などの影響からその規模が縮小されていたが，2011年3月の東日本大震災における津波で甚大な被害を受けた．東北地域におけるサケマス類の養殖事業の持続的な発展を目指すためには，商品展開力を向上しなければならないものと考えられた．そこで本研究では，浮沈式生簀によるギンザケの出荷時期調節と高付加価値化，他産業との連携，生物および食品素材の放射性物質除染法の開発などを行い，養殖産業基盤そのものの強固化を目指すこととした．

§1．東北地方の養殖業に関するアンケート調査

　本事業を開始するにあたり，フィージビリティ・スタディの一環として，宮城県石巻市や牡鹿郡女川町などで養殖業を行う方々にアンケート調査を行った．その結果，①養殖魚の高付加価値化による魚価向上，②別魚種の養殖技術の確立，③浮沈式生簀による水温制御および出荷調節，④高効率なエサの開発，⑤養殖魚の成長予測技術・健康予測技術の開発，⑥市場拡大と流通経路の充実，⑦他産業との有機的な連携産業の創出，⑧養殖事業の高度化あるいは6次産業化，⑨放射性物質の除染を可能とするエサや手法の開発などが課題として挙がった．本稿では，これらの課題のうちの一部について紹介する．

§2．浮沈式生簀によるギンザケの出荷時期調節と高付加価値化

　わが国では，北洋サケマス漁業の衰退などのために，1970年代にギンザケの養殖法が確立され，主に三陸沿岸においてギンザケ養殖が行われてきた．ギ

[*1] 東京大学大学院農学生命科学研究科
[*2] 東京大学生産技術研究所
[*3] 株式会社サタケ

ンザケの養殖生産量は，1990 年代初頭の年間 2 万 t 超が最も多く，東日本大震災前では年間約 1.5 万 t であった[1]．東日本大震災によってギンザケ養殖は壊滅的な状況となったが，現在では 1.2 万 t 程度まで回復している．

　ギンザケの養殖では，1 年間の内水面での稚魚育成の後，海水馴致し，11 月から海水中で養成する．体重が 1.5 kg を超えた翌年 4 月頃から出荷が開始され，8 月上旬の海水温上昇（ギンザケの正常生息上限温度：約 21℃）を避けて 7 月末頃までに出荷を完了する[2, 3]．この 3 〜 4 ヶ月という短期間に集中して市場流通されるため，ギンザケの販売価格は低価格化しやすい．一方，定置網シロサケの出荷は 9 月から盛んになるため，7 月後半から 8 月下旬までは，国内でのサケマス類の流通閑散期となる．したがって，水温の上昇を避け，出荷時期を調節することができれば，ギンザケ価格の安定化につながるものと考えられる．

　水温の上昇を避けるためには，夏季に形成される成層を利用して生簀を沈下させることが有効である．このように浮沈が可能な生簀（浮沈式生簀）は，水深が深いほど波の力が弱くなるため，台風などによる生簀の損失を防ぐために開発されてきた．波の力の軽減以外にも，今回の水温調節，赤潮や汚染された表層水からの避難などへの適用が期待されている．図 3·1 に宮城県女川町桐ヶ崎付近における 2015 年 7 月下旬から 9 月上旬にかけての水温の変化を示す．この年には 8 月初旬には通常の生簀が設置される水深 10 m 近くまで 21℃以上となった．したがって，水深 10 m 程度に沈下させることによって，8 月中旬までギンザケの出荷を遅らせることができる．浮沈式生簀では，これまで小型のもの[4] の他，海外ではとくに大型の鋼管生簀が開発されてきたが，コスト面で欠点が多かった[5]．そこで本研究では，可撓性ホースを用いて空気を注入することで浮力を発生させる方式[6, 7]を採用し，比較的安価な浮沈式生簀を開発した（図 3·2）．これをギンザケ養殖に適用し，7 月下旬から 10 m 以深に沈下させたところ，8 月中旬でも健康なギンザケを出荷することに成功した[8]．水温上昇時には，給餌のために生簀を浮上させることができないため，沈下時でも給餌可能な自動給餌装置を開発した（図 3·3）．また，沈下時の水中の魚影を確認するとともに，残餌状況を把握するための水中監視システムおよび自宅でも観察が可能な映像伝送システムも開発した（図 3·4）．

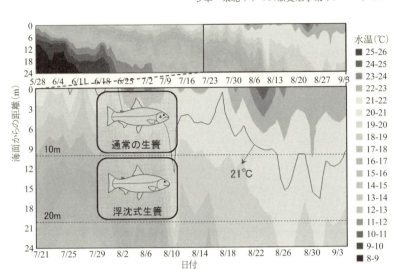

図 3·1　女川町桐ヶ崎付近の水温変化

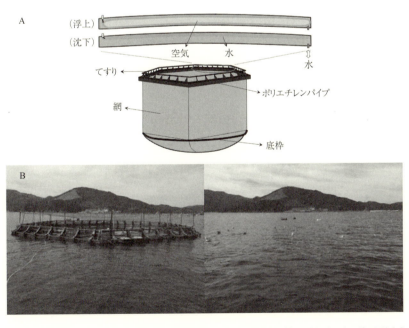

図 3·2　可撓性ホースを用いた浮沈式生簀の構造(A)と浮沈式生簀（左：浮上時，右：沈下時）(B)

　また，特殊配合によってリシンの含量を減じた飼料を4日程度の短期間投与するだけで，筋肉の脂質含量を約1.5倍に増加させることに成功した（表3・1）[9].

図3・3　自動給餌機

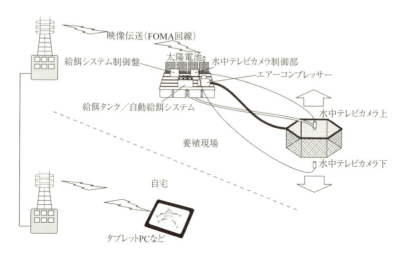

図3・4　水中監視システムおよび映像伝送システムの概略

表 3·1　リシン欠飼料の短期投与がギンザケ筋肉中の脂質含量に及ぼす影響

(g/100g 筋肉)

飼料	当初	4 日
通常		4.7 ± 0.6
	5.0 ± 0.8	
リシン欠		7.1 ± 1.7

§3. 市場拡大と流通経路に関する調査

　ギンザケに関する市場調査や流通経路考察の準備のために，2013 年に一般消費者・飲食店営業者合計約 900 名のアンケートを行った．飲食店では東北地方のギンザケの取扱意向が全体の 57％と興味の強さがうかがわれた．妥当な購入価格として平均 900 円／kg 程度と，同年の浜値実績をはるかに上回るものであった．一方，一般消費者では購入意向が 85％と非常に高かったが，購入価格が一切れ 100 円以下と振るわず，輸入ギンザケの量販店価格が消費者の購入心理に強く影響を及ぼしているものと推測された．以上のことから，高価格帯での飲食店への直接流通や百貨店などを介した市場流通がギンザケ養殖の収益率改善に有効であるものと判断された．

　2014 年に試験的に養殖したギンザケを用い，一般消費者でも調理可能な新メニュー開発を都内料理人に依頼して，ドライトマトとモッツアレラチーズを包みこんだ鮭マスのフリット[10]，東北サーモンと茸のチーズグラタン[11]，コーンスープとパン粉で，銀鮭のフワッとタルタル仕立て[12]，鮭の香味蒸[13] の計 4 件のメニューを考案し，web 上および渋谷ヒカリエ電光スクリーン上で紹介した．

　これらの新メニュー製品を用いた評価会を開催し，百貨店系バイヤーおよび一般消費者からの意見などを集約した．その結果，都内料理人からは原材料の妥当な購入価格として 1200 円／kg 以上，百貨店系バイヤーからは 1000 から 1500 円／kg 程度という評価を得た．一方，一般消費者の意見では一切れ 100 円程度と上述した結果とほぼ同様であった．

§4. 他産業との連携

　東北地方は日本有数の米どころである．そこで，養殖業と米産業との融合の可能性について検討を加えることとした．近年，わが国では動物性脂肪の摂取

量が増大し，逆に米などの主食の摂取量が減少するなど食習慣の欧米化が広がっている．このような食習慣の変化に伴い，肥満を主因とする2型糖尿病などの生活習慣病のり患が増加している．とくに2型糖尿病は重篤な合併症を伴うことから，本格的な対策が求められている．

　米糠および胚芽にはビタミンやタンパク質，脂質およびミネラルなどの栄養素が多く含まれる他，ガンマオリザノールなどの生理調節作用を有する成分が含まれる．ガンマオリザノールは，われわれ哺乳類に対して脂質・糖質代謝改善作用，抗2型糖尿病作用，抗炎症作用があり，アレルギー抑制，炎症性大腸炎予防，アルコール性肝炎の予防や改善，アテローム性動脈硬化抑制にも効果がある[14−21]．また，魚類に投与すると，哺乳類における脂質・糖質代謝改善作用と同様に，タンパク質の節約効果が認められ，早期養成につながること[22−24]，魚肉の貯蔵中の変色を効果的に防止することなどが明らかとなっている[25, 26]．そこで，精米工場などで生じる米糠の米油への有効利用とその残滓の飼料への利用を想定し，米糠処理システムを設計・試作した（図3·5）．本システムを使用することによって，各種健康機能成分を含有した米油の生産と同時に，飼料添加用の残滓米糠を生産することが可能となった．また，東北地方は米の産地であるため，日本酒の製造も盛んである．そこで，日本酒製造

ラボレベルプラントの設計および設置

搾油前処理装置一式

図3·5　米糠処理システム

会社の協力を得て実地試験を行った結果，本システムは日本酒製造時において生じる米糠についても使用できることが確認された．これまでの検討から，すでに米糠成分のガンマオリザノールに魚類の成長を促す効果があることが明らかになっていたが，米糠成分の1つのフェルラ酸にも成長促進効果が認められることが明らかになった．有機溶媒抽出および機械圧搾による米油の製造過程で，ガンマオリザノールやフェルラ酸は残滓糠に相当量残存することが明らかになっており[27]，残滓糠の有効利用につながるものと考えられる．

§5．生物および食品素材の放射性物質除染法の開発

ギンザケの場合はこれまで放射性物質汚染は認められていないが，稚魚が陸水経由で汚染される可能性はゼロではない．そこで，魚類における放射性セシウムの体外への排出機構を明らかにして，それを利用した生体における除染法の開発を行った．また，水産加工品についても除染法は確立されていなかったことから，ねり製品や塩干品などの製造工程に着目し，放射性セシウムの低減法について検討を加えた．その結果，セシウムは鰓のカリウムチャネルを介して魚体から排出され[28]，その活性を環境水などで制御できることが明らかとなった．また，モザンビークティラピアでは環境水のカリウム濃度を上げると鰓のカリウムチャネルの遺伝子発現量が上昇してより効率的にカリウム／セシウムを排出することが明らかとなった．一方，サケ科魚類では，もともと発現していたカリウムチャネルの細胞膜移行も増大してカリウム／セシウム排出量を高めることが明らかとなり，魚種によってその排出制御機構が異なることが明らかとなった．

水産ねり製品および塩干品では，水さらしや洗浄工程でかなりのセシウムが除去され得ることが明らかとなった[29]．実際に使用するかどうかは別の問題として，これらの技術の確立は食の安全のための技術的担保を果たすものと考える．

この他，株式会社島津製作所製食品放射能検査装置の水産物加工品への最適化を行った．トロ箱の大きさ，氷の有無，測定対象に応じて測定モードを選択できるようにインターフェースの改良を行い，現場での使用感についても良好と判断された（図3・6）．2015年から2016年8月現在まで国産加工原料（ギ

図3·6　水産物加工品用に最適化した食品放射能検査装置

ンザケやシロサケなど）について継続して測定しているが，^{134}Cs および ^{137}Cs のいずれも検出限界未満である．

謝　辞

　本研究を実施するにあたり，宮城県漁業協同組合，ニチモウ株式会社，株式会社ニチモウマリカルチャー，株式会社阿部長商店，双日ツナファーム鷹島株式会社，双日株式会社，新松浦漁業協同組合，島津メディカルシステムズ株式会社，株式会社一ノ蔵，株式会社松屋，株式会社高島屋，加美よつば農業協同組合，株式会社 JA 加美よつばラドファなど多くの方々にご指導ならびにご協力いただいた．ここに謝意を表する．

文　献

1) 水産庁 . 水産白書 平成 25 年版 . 2013; 財団法人農林統計協会 .
2) 待鳥精治 . 水温 , 餌生物からみたギンザケの南北方向の分布特徴 . 遠洋水産研究所研究報告 1972; 6: 101-110.
3) 大家正太郎 , 清水壽一 , 堀川芳明 , 山本慎一 . ギンザケのへい死と水温との関係 . 近畿大学水産研究所報告 1989; 3: 73-77.
4) Mizukami Y. New fishery technologies and attempts. *Farming Japan* 2008; 42: 17-24.

5）　Scott DCB, Muir JF. Offshore cage systems: A practical overview. Muir J, Basurco B（eds）. *Mediterranean Offshore Mariculture*. Zaragoza: CIHEAM. 2000: 79-89.

6）　Kitazawa D, Mizukami Y, Isobe M, Kinoshita H, Hirayama H, Ikeda S, Takeuchi Y. Tank model testing of a fish-cage flotation/submersion system using flexible hoses. Proceedings of the 30th International Conference on Offshore Mechanics and Arctic Engineering. OMAE2011-50240（CD-ROM）2011; 8pp.

7）　Kitazawa D, Mizukami Y, Isobe M, Saigo K, Ebisui A, Yanagita K, Hirai Y, Tanaka K, Hosokawa T. Improvement of the inner structure of the polyethylene pipes for a reliable fish-cage flotation/submersion system. Proceedings of the Aquaculture Europe. 2011; 557-558.

8）　北澤大輔 , 水上洋一 , 金平 誠 , 戸川富喜 , 武内要人 , 伊藤 翔 , 潮 秀樹 . 閑散期でもギンザケを出荷可能な浮沈式生簀システム . 養殖ビジネス 2015; 2: 23-26.

9）　大場萌未 , 吉永葉月 , 潮 秀樹 , 金子 元 , 高橋伸一郎 , 佐藤秀一 . 飼育魚類の筋肉内脂質含量増加方法及びそのための飼料 . PCT JP2014/0014661, 2014.

10）　ドライトマトとモッツアレラチーズを包みこんだ鮭マスのフリット https://chefgohan. gnavi.co.jp/card/detail/1790/（12/2/2016）

11）　サーモンと茸のチーズグラタン https://chefgohan.gnavi.co.jp/card/detail/1791/（12/2/2016）

12）　コーンスープとパン粉で , 銀鮭のフワッとタルタル仕立て https://chefgohan.gnavi.co.jp/card/detail/1793/（12/2/2016）

13）　鮭の香味蒸 https://chefgohan.gnavi.co.jp/card/detail/1794/（12/2/2016）

14）　Sakai S, Murata T, Tsubosaka Y, Ushio H, Hori, M Ozaki, H. γ-Oryzanol reduces adhesion molecule expression in vascular endothelial cells via suppression of nuclear factor-κ B activation. *J. Agric. Food Chem* 2012; 60: 3367-3372.

15）　Ohara K, Kiyotani Y, Uchida A, Nagasaka R, Maehara H, Kanemoto S, Hori M, Ushio H. Oral administration of gamma-aminobutyric acid and gamma-oryzanol prevents stress-induced hypoadiponectinemia. *Phytomedicine* 2011; 18: 669-671.

16）　Nagasaka R, Yamasaki T, Uchida A, Ohara K, Ushio H. gamma-Oryzanol recovers mouse hypoadiponectinemia induced by animal fat ingestion. *Phytomedicine* 2011; 18: 655-660.

17）　Oka T, Fujimoto M, Nagasaka R, Ushio H, Hori M, Ozaki H. Cycloartenyl ferulate, a component of rice bran oil-derived gamma-oryzanol, attenuates mast cell degranulation. *Phytomedicine* 2010; 17: 152-156.

18）　Islam MS, Yoshida H, Matsuki N, Ono K, Nagasaka R, Ushio H, Guo Y, Hiramatsu T, Hosoya T, Murata T, Hori M, Ozaki H. Antioxidant, free radical-scavenging, and NF-kappa B-inhibitory activities of phytosteryl ferulates: Structure-activity studies. *J. Pharmacol. Sci.* 2009; 111: 328-337.

19）　Ohara K, Uchida A, Nagasaka R, Ushio H, Ohshima T. The effects of hydroxycinnamic acid derivatives on adiponectin secretion. *Phytomedicine* 2009; 16: 130-137.

20）　Chotimarkorn C, Ushio H. The effect of trans-ferulic acid and gamma-oryzanol on ethanol-induced liver injury in C57BL mouse. *Phytomedicine* 2008; 15: 951-958.

21）　Islam MS, Murata T, Fujisawa M, Nagasaka R, Ushio H, Bari AM, Hori M, Ozaki H. Anti-inflammatory effects of phytosteryl ferulates in colitis induced by dextran sulphate sodium in mice. *Br. J. Pharmacol.* 2008; 154: 812-824.

22）　潮 秀樹 , 大原和幸 , 山崎友照 , 金本繁晴 , 前原裕之 . 脂質代謝調節作用を有する食品素材 , 健康食品 , 動物用飼料及び動物の飼育方法 . 特許第 4785140 号 . 2011.

52

23）Nagasaka R, Kazama T, Ushio H, Sakamoto H, Sakamoto K, Satoh S. Accumulation of gamma-oryzanol in teleost. *Fish. Sci.* 2011; 77: 431-437.

24）潮 秀樹 , 長阪玲子 , 永尾久美子 , 佐藤秀一 . 魚類のタンパク質節約を目的とした飼料 . 特許第 5385446 号 . 2014.

25）長阪玲子 , 風間貴充 , 潮 秀樹 , 坂本浩志 , 坂本憲一 . γ - オリザノールの添加がアスタキサンチン含有飼料によるブリ切り身の変色抑制作用に及ぼす影響 . 日水誌 2011; 77: 1101-1103.

26）潮 秀樹 , 長阪玲子 , 大原和幸 , 風間貴光 , 佐藤秀一 , 坂本憲一 , 坂本浩志 . ブリ類の肉類変色防止方法 . 特許第 5918460 号 . 2016.

27）潮 秀樹 , 長阪玲子 , 大原和幸 , 寺島亜実 ,

福森 武 , 金本繁治 , 前原裕之 . 健康機能成分を吸着・濃縮した乾燥脱脂穀類糠 , 外糠から調製した健康機能成分の濃縮物 , 及びそれらの製造法 . 特許第 5463526 号 . 2014.

28）Furukawa F, Watanabe S, Kaneko T. Excretion of cesium and rubidium via the branchial potassium-transporting pathway in Mozambique tilapia. *Fish. Sci.* 2012; 78: 597-602.

29）Watabe S, Matsuoka Y, Nakaya M, Ushio H, Nemoto Y, Sato M, Tanoi K, Nakanishi T. Removal of radioactive caesium accumulated in fish muscle by washing in the process of surimi-based productions. *Radioisotopes* 2013; 62: 31-38.

II. 海藻利用の新たな取り組み

4章 三陸ワカメ養殖における品種改良と複数回養殖に関する技術開発

佐藤陽一*1・阿部知子*2・福西暢尚*2

　ワカメ *Undaria pinnatifida* は褐藻コンブ目に属する大型1年生の海藻で，日本，中国，韓国において大規模な養殖生産が行われている．とくに日本の三陸地方は国内総生産量の約7割を占める一大産地であるが，生産者の減少や高齢化などの影響を受けその生産量は減少傾向にあった．そこで，ワカメ関連製品の製造・商品開発では世界トップクラスの実績がある理研食品は，理化学研究所が開発した重イオンビーム照射による品種改良法を用いて，2009年より生産性の向上や高品質原料の安定生産を可能にするワカメ有用系統の開発に着手するも，2011年3月の東日本大震災で材料を喪失した．一方，岩手県と宮城県では養殖施設や加工施設の大半を流失し生産量の著しい減少が懸念され，三陸地方のワカメ養殖産業の復興と活性化のためには，イノベーション・ツールとして有用系統が必須と考えた．そこで，東北マリンサイエンス拠点形成事業（新たな産業の創成につながる技術開発）においては，品種改良により高生長や高温耐性をもつ有用系統を育成し，生産量の増大だけでなく養殖期間の選択によって漁業者の作業負荷を分散させ，生産効率の向上にも寄与することを目的とした．

§1. 陸上養殖装置の開発と選抜育種への利用

　有用系統を選抜する品種改良を実施するにあたって，はじめにワカメの生活環（図4・1）すべてを陸上で養殖できる装置の開発を行った．通常のワカメ養殖は海上に水平に設置したロープに藻体を付着させて秋から春にかけて実施さ

*1 理研食品株式会社
*2 国立研究開発法人理化学研究所仁科加速器研究センター

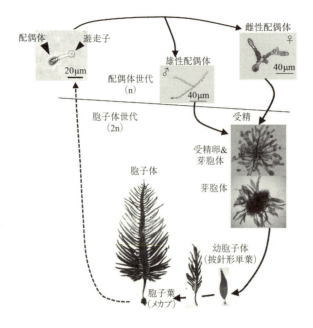

図 4·1　ワカメの生活環

れており，継続的な観察に基づく有用系統の選抜試験が困難であった．そこで，円形水槽の内部構造を新規開発することにより，藻体が絡まらずに流動し，三陸における一般的なワカメ養殖漁場と同等の流速を付与できる浮遊回転式陸上養殖装置（circulation and floating culture system：CFCS）を開発した[1, 2]．従来の室内培養方法と組み合わせることでワカメの生活環を 4 ヶ月程度で陸上のみで完結させることが可能となり，年間に 2 ～ 3 回の養殖試験を実施できるようになった（図 4·2）．この装置を用いて，有用系統選抜のみならず，流速を含む同一の無機環境条件下で養殖試験を行うことでワカメの遺伝的形質を把握し，地域系統の中から三陸ワカメ養殖に適した早生系統と晩生系統を選抜して，実用化のための実証試験を行った．また，温度を制御すると CFCS での養殖ワカメは周年生産が可能となり，従来の「新芽ワカメ」（100 cm）よりもさらに小型のサイズ（50 ～ 80 cm）で収穫することにより新規性のある原料が得られたことから，理研食品において商品化を検討中である．今後，宮城県

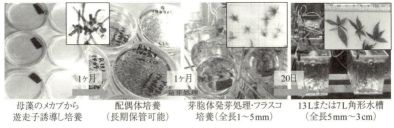

| 母藻のメカブから
遊走子誘導し培養 | 配偶体培養
（長期保管可能） | 芽胞体発芽処理・フラスコ
培養（全長1〜5mm） | 13Lまたは7L角形水槽
（全長5mm〜3cm） |

浮遊回転式陸上養殖装置（CFCS,特許第6024879号）

| 30L円形水槽
（全長3〜10cm） | 500L円形水槽
（全長10〜100cm） | 2000L円形水槽養殖1ヶ月
（全長3mまで,メカブ形成） |

図4・2　浮遊回転式陸上養殖装置（CFCS）を用いたワカメの養殖方法

名取市閖上に整備する工場において原料の生産体制確立のための試験研究を行う予定である.

§2．ワカメの品種改良への重イオンビームの利用

重イオンビームは，炭素などの原子からいくつかの電子を剥ぎ取って高いエネルギーまで加速したイオンの集団で，生物効果の高い放射線の一種である．変異原としては，低線量で変異率が高く変異スペクトルが広いという特長を有する．理化学研究所では，RIビームファクトリーで発生する高エネルギー重イオンビームを照射し，生存率が低下しない低線量照射区より変異体を選抜，それを用いて新品種を育成する品種改良技術を開発し，陸上植物で30品種，清酒酵母で2株の実用化品種を作出した[3]．一方，これまで大型褐藻類への適用例はないため，まずは生存率が少し低下する線量から生存率70〜50％となる線量で適性照射条件の検討を行った．メカブ（図4・1）に重イオンを照射し，

得られた配偶体の形態を観察したところ，細胞伸長が抑制される変異が認められ，これを指標として変異率を計測した．その結果，陸上植物同様に生存率が極端に低下しない照射線量で変異率は上昇した．適正線量は，炭素イオンで2〜5 Gy，アルゴンイオンで0.2〜2.5 Gyと推定された[4]．また，配偶体，芽胞体・受精卵（芽胞体）では，先の生存率を基準とした方法に加えて M_2 世代での変異体選抜の結果から，ワカメの変異誘発に関して照射組織や照射線量の至適化を行った．配偶体および芽胞体は，材料調製が周年可能であり，照射対象が小さく大量照射が容易なため，ワカメ品種改良では最適照射組織である．また最適照射線量は，炭素イオンでは両組織とも2〜12.5 Gy，アルゴンイオンは配偶体が2.5〜5 Gy，芽胞体が2.5〜10 Gyであった（表4・1）．配偶体および芽胞体照射区は，M_1 世代はCFCSにて養殖してメカブを収穫し，単一メカブ兄妹交配を施し M_2 世代を得た．配偶体照射の M_2 世代（60系統，1系統500個体）および芽胞体照射の M_2 世代（50系統，1系統500個体）合計55000個体をCFCSで養殖し，有用変異体スクリーニングを実施したところ，4つの高温耐性系統と4つの高生長系統が得られた．高生長系統は，陸上養殖100日頃の生長量がコントロールの1.5〜3倍になり，また高温耐性系統は，岩手県における通常の発芽水温である21℃よりも2℃高い23℃でも発芽し生長した[5]．選抜した有用変異体メカブより同一メカブ兄妹交配を行い，得られた M_3 世代で高温耐性系統および高生長系統それぞれ2つについて有用形質の固定を確認した．残り4系統については形質の固定および変異形質の解析を継続している．

表4・1　ワカメ組織別の品種改良適正線量と有用変異体選抜

照射組織	適正線量 M_1（Gy）			変異体出現線量 M_2（Gy）		M_2 変異候補数（高温耐性＋高生長）/系統数（出現率%）
	C	Ar	高エネルギー Ar	C	Ar	
メカブ（遊走子 n）	12.5 未満	5 以下	5 以下			
配偶体 n	12.5 未満	5 以下	5 以下	2 〜 5	0.2 〜 2.5	(3+2)/60 (8.3%)
受精卵・芽胞体 2n	12.5 以下	10 以下	10 以下	0.5 〜 2	2.5	(1+2)/50 (6.0%)

§3. 高エネルギービームラインの開発

　高速重イオンビーム（典型的には光速の 50％程度）は高いエネルギーをもつため試料中をほぼ直進しつつ徐々にそのエネルギーを試料に与えて減速し，十分に厚い試料ではイオンは最終的に試料中にて停止する．イオン軌道に沿って試料の単位長さ当たりに与えるエネルギーを線エネルギー付与（LET），試料に与えた単位重量当たりのエネルギーを線量，イオンが停止するまでに進んだ距離を飛程と呼び，いずれも重イオンによる変異誘発実験を左右する重要な因子である．一般的に生物への影響は線量の増加に伴い増大するが，同じ線量でも LET に依存して異なる効果（線質効果）を与えるため LET の制御は重要である．

　理化学研究所 RI ビームファクトリー[6] は重イオン科学の総合的推進を目的として継続的に整備されてきた世界有数の重イオン加速器施設であり（図4・3），原子核物理学などの基礎科学研究と併せて，重イオンを用いた応用研究も活発に行われている．重イオン品種改良技術は応用研究の最大の柱である．

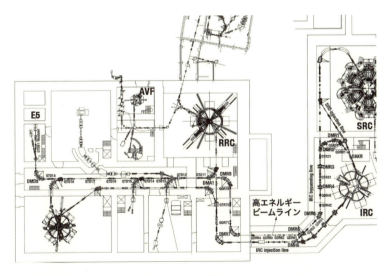

図4・3　RI ビームファクトリーのレイアウト（一部抜粋）
　　　生物照射実験では従来 RRC で加速された重イオンビームを E5 実験室に輸送して生物試料に照射していたが，このたび図中の高エネルギービームラインを整備し，より性能の高い新世代加速器 IRC からのビームを E5 実験室にて利用可能とした．

品種改良実験では 1986 年に運転を開始した理研リングサイクロトロン（RRC）で得られる炭素，ネオン，アルゴン，鉄などの重イオンビームをこれまで用いていたが，アルゴンや鉄などの比較的重いイオンに対しては最高エネルギーの制限から飛程が短く，水中で培養される試料への照射，とりわけ LET の制御に問題があった．幸い，RI ビームファクトリーは 2006 年稼働の新世代加速器理研中間段リングサイクロトロン（IRC）を有しており，IRC を用いれば海藻類の重イオン品種改良に必要な高エネルギー化が可能である．それには IRC と既存生物照射実験室（E5 実験室）をつなぐビーム輸送システム（ビームライン）が必要であったので 2012 年度より整備を開始し[7]，2015 年 1 月にはアルゴンビームを用いた加速試験を実施した．IRC を用いることで従来核子当たり 95 MeV に制限されていたアルゴンイオンのエネルギーを核子当たり 160 MeV まで増大させ，これをビーム損失なく E5 実験室に輸送し，生物照射実験に供給した．この際，生物照射に標準的に用いられる他のイオンと同等の均一照射野が得られること，高エネルギーアルゴンイオンの飛程が重イオン輸送コード PHITS[8] を用いて行った設計通りであることを確認し（図 4·4），併せてサンプル照射も行った．アルゴンビームの高エネルギー化は飛程の増加に伴

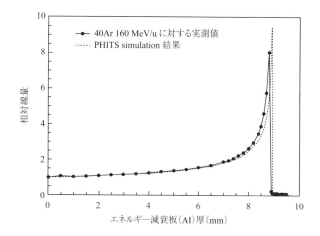

図 4·4　高エネルギーアルゴンビームの深部線量分布
　　　　IRC で得られる核子当たり 160 MeV の高エネルギーアルゴンビームの設計値（PHITS simulation）と実測値の比較．設計通りの結果が得られた．

う実験条件の精密制御に留まらず，線質を示す重要な指標であるLETの下限値を280 KeV/μm から 190 KeV/μm に広げることで，変異原としての多様性を広げた点でも意義深い．さらに，アルゴンより重い鉄イオンに対しても同じエネルギーのビーム供給が可能である．

§4. 地域系統分類とそれらを用いた早生・晩生系統の選抜

　主要ワカメ養殖産地（岩手県広田湾，宮城県松島湾，徳島県鳴門，山口県下関，秋田県男鹿）の近傍地から採取した天然母藻由来の芽胞体を各産地において海上養殖し，さらに産地別に得られた種苗は，岩手県釜石市の岩手県水産技術センターに設置したCFCSにおいて同一条件で養殖した（図4・5）．栄養塩吸収特性の解析[9]より，鳴門種苗は海上養殖では高栄養塩濃度適応型の特性を示した[10]が，陸上養殖ではその特性が現れなかった．秋田および宮城種苗は，海上養殖および陸上養殖の双方において低栄養塩濃度適応型の特性を示した（図4・6）．この結果から，高栄養塩濃度適応型は環境要因に，低栄養塩濃度適応型は遺伝要因に影響されると推定された．形態的な特徴を比較した結果，宮城種苗は海上およびCFCSの両方において他産地よりも早期の生長が認められた．これに対して岩手種苗は宮城種苗が葉状部先端からの末枯れに伴って短くなった後も生長して良好な葉質を維持することがわかった．これらの結果より，宮城県産を初期生長の早い早生系統候補として，また岩手県産を養殖晩期の葉質が良好な晩生系統候補の母藻とし，得られた種苗をCFCSで養殖して高生長個体をそれぞれ早生系統（R1），晩生系統（R2）として選抜した．これらを岩手県広田湾において2014年9月から12月の間に，5回に分けて種苗糸を設置して養殖した．その結果，養殖開始初期はR1が，後期はR2が大型化し，

図4・5　海上養殖を行った5ヶ所およびCFCS養殖を行った岩手県釜石市

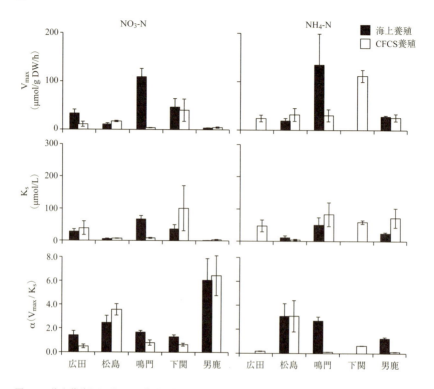

図 4・6 海上養殖および CFCS 養殖個体の硝酸態窒素およびアンモニア態窒素の吸収特性
海上養殖，CFCS 養殖ともに養殖開始後約 100 日目に，最大葉幅を占める裂葉の中央部分
から得た葉片を用いて測定した．V_{max} および K_s は高いほど高い栄養塩濃度に，a (V_{max}/K_s)
は高いほど低い栄養塩濃度に適応的な形質を示す指標として用いられる[9]．

早生・晩生の特性を海上養殖において確認できた．通常種苗と比較すると，両
系統ともに収穫量が高かったことから，生産性の向上が期待できる．両系統の
使い分けによって，三陸地域におけるワカメ収穫時期の分散や，複数回養殖の
産業化が期待できる．

§5．ワカメ種苗生産事業のための実用化技術の開発

　有用系統の安定した種苗生産を目的に，高密度の幼胞子体が付着した種苗糸
を安定的に得る技術を宮城県の漁業者と開発した．早生系統 R1 配偶体をミキ

サーで10細胞程度に粉砕し，化繊糸（クレモナ糸，ϕ 2 mm）を隙間なく巻き付けて作成した採苗基質に注いで糸に付着させた．このとき，栄養吸収を促し流動性を確保するバイブレーターの利用や，採苗基質の両面から胞子体を発芽させるための改良などにより，6週間で高密度の種苗を得ることに成功した．さらに，種苗の促進培養技術も開発した．秋季の通常の養殖開始時期は芽胞体が2 cm程度で養殖を開始できるが，養殖時期が遅いと他の海藻類や珪藻に覆われて生存競争に負けたり，低栄養などの影響で芽落ちしやすいため，できるだけ芽胞体を生長させた状態で親ロープに設置する必要がある．そこで，切り分けた種苗糸を2ヶ月程度CFCSで培養し，8 cm程度の促成種苗を得る方法を確立した．これらにより，配偶体を保存した有用系統を長期間養殖できるシステムを構築することができた．

§6. 地域有用変異体による複数回養殖の実証研究

三陸ワカメは主に収穫後にボイル塩蔵加工されて葉状部と茎状部とに分離（芯抜き）したものが共販を通して流通するが，芯抜き作業は未だに手作業で行われており，漁業者の大きな作業負担となっている．その一方で近年，市場の国内産回帰の影響から国内原料の需要が伸びるとともに，芯抜きが不要な小型サイズの原料を利用した「新芽ワカメ」や「冷凍ワカメ」の販売量も増加しており，ワカメ養殖産業は，より多様化する消費者ニーズへの対応が一層求められている．そこで，新しい三陸ワカメ養殖ビジネスモデルを実証するために，岩手県広田湾漁業協同組合の協力を得て，地域系統から選抜育種した早生系統（R1）および晩生系統（R2）を用いた複数回養殖の実証試験を実施した．通常種苗，R1およびR2種苗の養殖を広田湾における一般的な養殖開始の目安である水温18℃を下回った2015年10月下旬に開始した．12月28日にR1は「新芽ワカメ」（芯抜き不要）として収穫し，同一の養殖施設において1月27日からはR2促成種苗を使用して再び養殖を開始した．3月28日に通常種苗とR2を通常のボイル塩蔵用原料として収穫，4月14日にR2促成種苗を「冷凍ワカメ」（芯抜き不要）として収穫した．その結果，通常種苗を使用すると，1個体の平均重量は725 gとなるのに対して，R2選抜種苗を用いると，個体重量の平均値は約4割増しの1020 gとなった．また，R1種苗を用いた「新芽

ワカメ」を収穫した後に R2 促成種苗を収穫すると，4 月に「冷凍ワカメ」に
も使用できる品質の原料を得ることができた（1 個体の平均重量：330 g，図
4·7）．本結果は，これまで主に宮城県で行われていた「新芽ワカメ」の年内
出荷が，選抜種苗を使用することによって岩手県でも可能となることを実証し
た．さらに，生産者が保有する複数の養殖施設において通常養殖と複数回養殖
とを組み合わせることで，生産者の作業負担の分散と原料収穫時期の延長が可
能であることを示した．すなわち，従来種苗を使用した養殖方法（図 4·8A）
に比べて，R2 種苗を用いることによって通常種苗よりも早い時期から収穫が
可能となり，2 月上旬までに収穫が終了した養殖施設には R2 の促成種苗を用
いて 2 回目の養殖が可能である（図 4·8B）．この他の養殖施設では，1 回目の
養殖として早生系統の R1 種苗を使用し，12 月下旬の「新芽ワカメ」の相場を
みて，「新芽ワカメ」とするか，「冷凍ワカメ」として 1 〜 2 月に出荷するか

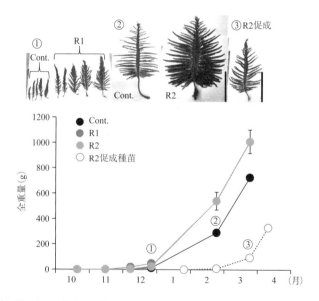

図 4·7　広田湾において養殖した種苗別の生長と形態
　　　　Cont.：広田湾通常種苗，R1：早生系統種苗，R2：晩生系統種苗，R2 促成：促成種苗を
　　　　生産して 1 月中旬に養殖開始した R2 系統．① 12 月 28 日の Cont. と R1（新芽ワカメサイ
　　　　ズ），② 2 月 26 日の Cont. と R2（通常サイズ），③ 3 月 28 日の R2 促成（冷凍ワカメサイ
　　　　ズ）．スケールバーは 50 cm.

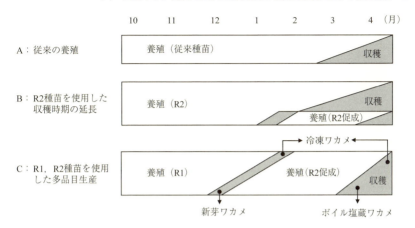

図 4・8　ワカメの複数回養殖スケジュールの模式図
　　　　A：従来種苗を使用した養殖方法．収穫した原料はボイル塩蔵ワカメとして出荷する．
　　　　B：R2 種苗を使用して収穫時期を延長させる養殖スケジュール．2 月上旬までに収穫し
　　　　た養殖施設には R2 促成種苗を設置して 2 回目の養殖を行う．
　　　　C：R1 および R2 種苗を使用した複数回養殖スケジュール．R1 種苗を 12 月から 2 月にか
　　　　けて収穫し，新芽ワカメまたは冷凍ワカメとして出荷する．2 回目の養殖には R2 促成種
　　　　苗を使用して収穫し，冷凍ワカメまたはボイル塩蔵ワカメとして出荷する．

を判断する．2 回目の養殖では R2 の促成種苗を用いて，4 月に収穫する（図
4・8C）．これは通常のボイル塩蔵用原料としても，「冷凍ワカメ」用原料とし
ても利用可能である．

§7．新たな産業の創成

　本事業では，三陸ワカメ養殖に適した有用系統の育成と有用種苗促成栽培技
術の開発，そのための装置開発と整備，また芯抜きが不要となる「新芽ワカ
メ」や「冷凍ワカメ」など比較的新しい加工法による生産物の普及に務めてき
た．品種改良によって育成した有用系統はいずれも官能試験で普通種苗のもの
と差がなかった[11]．普通種苗より 1.5 ～ 3 倍高生長となる有用系統は，50 ～
70 日間の陸上養殖を行って従来の「新芽ワカメ」よりもさらに小型のサイズ
で収穫し，これを原料とする新製品の工場生産を目指す．また地域系統から高
生長の早生（R1）や晩生（R2）として選抜した有用系統は，海上養殖におい

てその養殖時期や加工方法が選択でき，複数回養殖の実現など三陸地方のワカメ養殖の多様化実現への扉を開いた．開発者としては，種苗の使い分けによる収穫時期の分散により，生産者一人当たりの作業負荷の軽減および，理想的には，高生産性や加工方法の選択による付加価値によって生産者の高収入を実現することで，生産者の方々に喜んでいただけたら幸いである．一方，ワカメ養殖の多様化に対応するため，種苗糸を周年生産するための技術開発も行った．理研食品では，有用種苗の安定した生産を新たな産業と捉え，宮城県名取市閖上に整備する工場において実用化に取り組む予定である．

陸上植物を中心に開発した重イオンビームによる品種改良技術は，近年，藻類への適応例として，機能性成分が増加したノリ[12]，オイル高生産能を有するクロレラ[13]やユーグレナ[14]など広がりを見せている．本事業で整備した高エネルギービームラインで発生するアルゴンイオンビームは飛程が長いので，15 mLの遠心管に入れた藻類でも照射が可能である．シロイヌナズナでは，炭素イオンでは1遺伝子破壊に適した小さな欠失が生じるのに対して[15]，アルゴンイオンのような重い核種ではDNAを複雑に破壊し，大きな欠失や染色体再構築を誘発することが判明している[16]．このエネルギー領域での藻類での研究推進が待たれる．

これまで，ワカメの品質や生産量の変化は海上における養殖生産の結果によって論じられてきたが，毎年の環境条件の変化に大きな影響を受けるため，その原因となる生長および形態変化が遺伝，あるいは環境のどちらによるものなのかが明確にされてこなかった．本事業で開発したCFCSは一般漁場と同様の流速条件における養殖を可能とするので，今後ワカメだけでなくコンブやホンダワラなどの大型褐藻類の遺伝的変異形質の解明と，それに基づく有用系統開発に貢献できると考えられる．大型褐藻類は，食品としてはもとより，健康機能性成分の原料や飼料・肥料としても利用され，近年ではバイオ燃料用資源としても注目されている[17]．また，それらの栄養塩吸収能力は，魚介類養殖などによって発生する過剰な栄養塩を除去する海域浄化作用にも寄与している[18]．大型褐藻の資源化と，その維持・拡大による産業振興は，沿岸岩礁域の環境保全および漁業者の生産活動の拡大に貢献できるだろう．

文　献

1) 佐藤陽一, 山口正希, 阿部知子, 平野智也, 福西暢尚. 海藻類養殖用装置及び海藻類養殖方法. 特許第 6024879 号.

2) Sato Y, Yamaguchi M, Hirano T, Fukunishi N, Abe T, Kawano S. Effect of water velocity on *Undaria pinnatifida* and *Saccharina japonica* growth in a novel tank system designed for macroalgae cultivation. *J. Appl. Phycol.* 2016; DOI: 10.1007/s10811-016-1013-2.

3) Abe T, Kazama Y, Hirano T. Ion beam breeding and gene discovery for function analyses using mutants. *Nuclera Physics News* 2015; 25: 30-34.

4) Hirano T, Sato Y, Ichinose K *et al.* Rapid evaluation of mutational effects resulting from heavy-ion irradiation of *Undaria pinnatifida*. *RIKEN Accel. Prog. Rep.* 2013; 47: 299.

5) 阿部知子, 福西暢尚, 平野智也, 市田裕之, 佐藤陽一, 小野克徳. 重イオンビーム照射によるコンブ目褐藻類の変異体作出方法. 特願 2015-215022. 2015.

6) Okuno H, Fukunishi N, Kamigaito O. Progress of RIBF accelerators. *Prog. Theor. Exp. Phys.* 2012; 03C002.

7) Fukunishi N, Fujimaki M, Komiyama M, Kumagai K, Maie T, Watanabe Y, Hirano T, Abe T. New high-energy beam transport line dedicated to biological applications in RIKEN RI Beam Factory. *13th International Conference on Heavy Ion Accelerator Technology.* 2015; 42-44, ISBN 978-3-95450-131-1.

8) Sato T, Niita K, Matsuda N, Hashimoto S, Iwamoto Y, Noda S, Ogawa T, Iwase H, Nakashima H, Fukahori T, Okumura K, Kai T, Chiba S, Furuta T, Sihver L. Particle and heavy ion transport code system PHITS, verstion 2.52. *Nucl. Sci. Technol.* 2013; 50 (9) : 913-923.

9) Harrison PJ, Parslow JS, Conway HL.

10) Determination of nutrient uptake kinetic parameters: a comparison of method. *Mar. Ecol. Prog. Ser.* 1989; 52: 301-312.

10) Sato Y, Hirano T, Niwa K, Suzuki T, Fukunishi N, Abe T, Kawano S. Phenotypic differentiation in the morphology and nutrient uptake kinetics among *Undaria pinnatifida* cultivated at six sites in Japan. *J. Appl. Phycol.* 2016; 28: 3447-3458

11) Sato Y. Physiological and ecological studies on nutrient uptake kinetics and the development of a new cultivation technique of *Saccharina ochotensis* and *Undaria pinnatifida*. 博士論文, 東京大学. 2016.

12) Niwa K, Yamamoto T, Furuita H, Abe T. Mutation breeding in the marine crop *Porphyra yezoensis* (Bangiales, Rhodophyta) : Cultivation experiment of the artificial red mutant isolated by heavy-ion beam mutagenesis. *Aquaculture* 2011; 314: 182-187.

13) Ota S, Matsuda T, Yamazaki T, Kazama Y, Abe T, Kawano S. Phenotypic spectrum of *Parachlorella kessleri* (Chlorophyta) mutants produced by heavy-ion irradiation. *Bioresour. Technol.* 2013: 149, 432-438.

14) Yamada K, Suzuki H, Takeuchi T, Kazama Y, Mitra S, Abe T, Goda K, Suzuki K, Iwata O. Efficient selective breeding of live oil-rich *Euglena gracilis* with fluorescence-activated cell sorting. *Sci. Rep.* 2016; DOI: 10.1038/srep26327.

15) Kazama Y, Hirano T, Saito H, Liu Y, Ohbu S, Hayashi Y, Abe T. Characterization of highly efficient heavy-ion mutagenesis in *Arabidopsis thaliana. BMC Plant Biol.* 2011; 161.

16) Hirano T, Kazama Y, Ishii K, Ohbu S, Shirakawa Y, Abe T. Comprehensive identification of mutations induced by heavy -

ion beam irradiation in *Arabidopsis thaliana*. *Plant J.* 2015; 82: 93-104.

17) Wargacki AJ, Leonard E, Win MN, Regitsky DD, Santos CNS, Kim PB, Cooper SR, Raisner RM, Herman A, Sivitz AB, Lakshmanaswamy A, Kashiyama Y, Baker D, Yoshikuni Y. An engineered microbial platform for direct biofuel production from brown macroalgae. *Science* 2012; 335: 308-313.

18) Buschmann AH, Troell M, Kautsky N. Integrated algal farming: a review. *Cah. Biol. Mar.* 2001; 42: 83-90.

5章　三陸産ワカメ芯茎部の効率的なバイオエタノール変換技術開発と被災地復興への活用法の提案

浦野直人*¹・宮川拓也*²・井上　晶*³

　三陸地方はワカメ養殖・加工が盛んで，国内生産の約 3/4 を三陸産ワカメが占めている．2011 年 3 月の東日本大震災により海岸域は壊滅的な被害を受け，ワカメの養殖場や加工場もほぼ全壊した．しかし，2011 年の夏にはワカメの苗付けを再開，養殖場や加工場の再建が急ピッチで進展した．2012 年の春にはワカメが再収穫され，2013 年の春になるとワカメ収穫・加工生産量は震災前と同レベルにまで復旧した．三陸が全国屈指のワカメ名産地であることは今日でも変わらないが，ワカメ生産工程は加工廃棄物や塩蔵中の不良品の発生など，大量の未利用バイオマス出現という環境問題を伴っている．そこで，筆者らはこうした廃棄ワカメに着目し，震災からの復興を期す三陸地方の新たな産業創成策として，廃棄ワカメを原料とする当該沿岸域でのバイオエネルギー生産工場の建設を構想した．本事業の中心は，廃棄ワカメからの効率的バイオエタノール生産の技術開発であり，製造したエタノールの有効利用（消毒用・溶剤用エタノールの製造，燃料用エタノールの製造，飲料酒の製造）に供することで，被災地復興の一助とすることを最終目的としている．

§1. バイオエタノール−バイオメタン生産システムの構築

　ワカメ藻体重量の約 20% を占める芯茎（仮根）部は加工工程で廃棄物となる．また，食用に塩蔵されたワカメ中のかなりの部分で色度が落ちて廃棄される．そこで筆者らは，これら未利用バイオマスを回収して原料化を試みた．ワカメ藻体は弾性・粘性が強く，当初は粉末化が困難であった．筆者らは藻体回収後に一旦凍結保存すると，おろし機で 1 mm 角以下に粉砕することができた．ワカメ粉末は希硫酸（1 〜 3%）で加水分解した後に，セルラーゼ処理して糖化

*¹ 東京海洋大学学術研究院海洋環境学部門
*² 東京大学大学院農学生命科学研究科
*³ 北海道大学大学院水産科学研究院

液を作製した[1, 2]. さらに筆者らは，都市部で大量廃棄されているシュレッダー裁断紙にも着目した. 回収した裁断紙をセルラーゼで糖化した後，ワカメ糖化液と混合して，炭素・窒素・ミネラルを豊富に含有する混合原料を製造した[3, 4].

　混合原料は高濃度に糖分・塩分を含有するため，通常の産業用酵母で発酵させても，ストレスが大きく発酵渋滞を引き起こすことがわかった. そこで新たに，海からストレス耐性をもつ高発酵酵母の単離を試みた[5]. 南三陸町など三陸沿岸を中心に，東京湾，相模湾，駿河湾から数百株の発酵性酵母を単離して，それらの中から耐糖性・耐塩性に優れた高発酵酵母を選抜したところ，それらのほとんどが *Saccharomyces cerevisiae* 種であり，とくに高活性な酵母としてC19株を単離することができた. そこで図5・1に示すシステムを使用して，発酵槽（10 ～ 300 L）に混合原料とC19株を添加して，25℃で発酵した. 諸条件を検討したところ，最適な発酵ではエタノール濃度87.7 g/L（11.1 % v/v）になった（図5・2）. 発酵終了後に槽内を強く空気バブリングして，発酵液のエタノールを蒸発させた後，水中にトラップさせた. このエタノール水溶液を

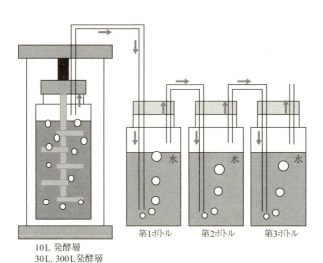

10L 発酵層
30L, 300L発酵層

第1ボトル　　第2ボトル　　第3ボトル

図5・1　バイオエタノール生産システム
　　　　発酵終了後，発酵槽をエアバブリングしてエタノールを揮発. エタノールを水中にトラップ. エタノール水溶液を蒸留して精製エタノールを回収.

蒸留して精製エタノール（90 %
v/v 以上）を回収した[2].

　筆者らは原料糖化・発酵データ
をもとに，エタノール生産プラン
ト（1.6 kL）を想定して，その収
支を見積もった（表5・1）．プラ
ント運転における支出は人件費，
酵素・培地代，電力費，運送費で
計3136万円／年であった．収入
は紙回収費850万円を計上した．
収入と支出と一致させてエタノー

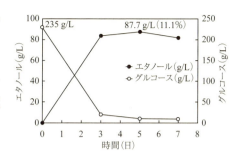

図5・2　エタノール発酵試験
　　原料：ワカメ廃棄物：シュレッダー裁断紙
　　　　＝ 7:3 の混合物.
　　酵母：海洋由来 *Saccharomyces cerevisiae* C19.
　　発酵温度：25℃.

ル生産コストを見積もったところ，海洋酵母を使用すると発酵液のエタノール
濃度11％として，精製エタノール生産価格306円／Lと試算された．また，
後述するスーパー酵母の場合にはエタノール濃度14％として，精製エタノー
ル生産価格が167円／Lとなった．さらに，バイオエタノール生産システム
の下流にバイオメタン生産システムを設置することで，自家発電による電力費
の削減を試みた．エタノール発酵液のエタノール回収残渣を原料として，東京
湾から分離したメタン細菌群を用いて116日間のメタン発酵を行った．連続
生産ガス中のメタン濃度は50～70％であり，高精度のバイオメタンを回収す
ることができた（バイオメタン生産システムの詳細は記載しない）．

表5・1　エタノール生産プラント収支見積もり

区分		金額	区分	金額
人件費	社員1名	500万円	紙廃棄代	850万円
	パート3名		（溶解）	
	1名200日		エタノール	
	日給0.8万円	480万円	（306円／L 海洋酵母）	2286万円
セルラーゼ		1500万円	エタノール	
（20L：1万円）			（167円／L スーパー酵母）	
培地		90万円		
電力		359万円		
（12円／kWh）				
運送費		207万円		
支出		合計 3136万円	収入	合計 3136万円

協力：サッポロビール研究所

§2. 海洋生物由来の糖化酵素・遺伝子の単離・解析

ワカメ廃棄物中の糖質重量は 30 〜 50％に及ぶが，その多くをアルギン酸，ラミナラン，マンニトールが占めている．野生酵母はこれらの糖質を資化・発酵する代謝系をもっていないため，効率的なバイオエタノール生産の実現は困難である．そこで本事業では，ワカメ糖質の代謝酵素系を導入したスーパー酵母の創製によるエタノール生産の効率化を試みた（図5·3）．結果を以下に記載する．

ワカメを含む大型の褐藻類には，他の藻類や陸上植物には見られないユニークな多糖類が含まれる．その代表例として含有量が最大で乾燥重量の約40％にも達するアルギン酸がある．それ以外にも陸上植物のデンプンに相当するエネルギー貯蔵物質としてラミナラン，様々な有用生理活性が明らかにされ注目されているフコイダンがある．これらのうち，フコイダンについては他の多糖類と比較して市場価値が高いため，バイオ燃料源としては適さないと考えられる．そのため，エタノールへの変換価値が高い成分としてアルギン酸とラミナ

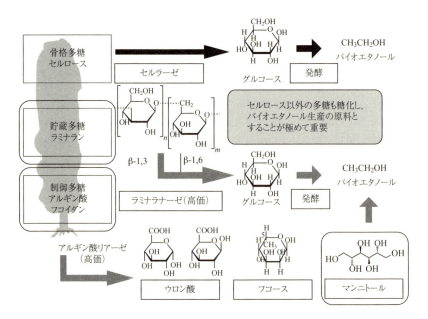

図5·3　ワカメ糖質の効率的バイオエタノール変換法

ランに焦点を当てることとする.

　これらの成分を酵母によりエタノールに変換する場合には，天然に存在する多糖の状態では酵母が利用できない点を克服する必要がある．そのため，単糖レベルにまで低分子化，すなわちアルギン酸の場合は 4-deoxy-L-erythro-5-hexoseulose uronic acid（DEH），ラミナランの場合はグルコースにまで分解するプロセスの導入が必須である．また，DEH 代謝能を酵母はもっていないため，その代謝を担う一連の酵素の導入も重要である.

2・1　アルギン酸分解酵素

　アルギン酸は 1880 年代に発見された直鎖状の酸性多糖であり，β-D-マンヌロン酸（M）と α-L-グルロン酸（G）から構成される．これまでに知られている酵素によるアルギン酸分解はすべて脱離（リアーゼ）反応によるものであり，CAZy データベース（http://www.cazy.org/）によれば多糖リアーゼファミリー（PL）では，PL-5, -6, -7, -14, -15, -17 および -18 に属する酵素の存在が知られている[6]．現在までにアルギン酸分解酵素は，主に細菌類と藻食性軟体動物から単離されている．細菌類ではアルギン酸資化能をもつものだけでなく，アルギン酸生合成能をもつものにも分解酵素が存在する．前者はアルギン酸を栄養源とするために，後者はアルギン酸合成時に利用していると考えられている．ちなみに褐藻類はアルギン酸を生合成する代表的な生物であり，いくつかの種でゲノム解析が進められてきたが，未だにアルギン酸分解酵素は同定されていない[7]．一方，軟体動物であるアワビやアメフラシなどから発見されたアルギン酸分解酵素[8-13] は摂餌した褐藻のアルギン酸を分解し代謝するために利用されると予測されてきたが，アルギン酸代謝にかかわる酵素の存在は知られていなかった．しかしながら，最近，アワビが DEH に特異的に作用する還元酵素をもつことが明らかになり，代謝経路の全容の解明が期待されている[14]．ここでは，主に本プロジェクトで発見されたアルギン酸分解酵素の性状について述べる.

　腐敗褐藻より単離された新奇の *Flavobacterium* sp. UMI-01 株は，アルギン酸を唯一炭素源とした培地で増殖可能であり，その破砕液中にはアルギン酸分解活性が検出された．ドラフトゲノム解析の結果，本菌は少なくとも 4 種類のアルギン酸分解酵素（FlAlyA，FlAlyB，FlAlyC および FlAlex）をコードす

る遺伝子をもつと予測され，それらのうち2つ（FlAlyA および FlAlyB）はアルギン酸分解オペロンと考えられる領域内に，他のものは同オペロンの近傍に位置していた．

　FlAlyA は，UMI-01 株中に存在するエンド型切断様式を示す PL-7 ファミリーに属する酵素であり，アルギン酸分解の最初のステップで作用する[15, 16]．アルギン酸中の polyM，polyG，polyMG 領域のいずれも分解可能であり，最終生成物として主に2〜5糖を生じる（図5・4A）．FlAlyA の注目すべき性状として，既報のアルギン酸分解酵素に比べて高い分解活性をもつことが挙げられる[16]．最大活性を比較するとアワビ由来 HdAly[8] やアメフラシ由来 AkAly30[12] の約50倍，市販の酵素と比較して 30〜80 倍高い（図5・4B）．な

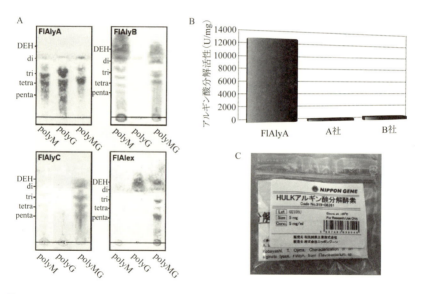

図5・4　*Flavobacterium* sp. UMI-01 株のアルギン酸分解酵素
　　　A：FlAlyA，FlAlyB，FlAlyC および FlAlex によるアルギン酸の分解．分解物を薄層クロマトグラフィー（TLC）により展開後，チオバルビツール酸法により検出した．di：不飽和アルギン酸2糖，tri：不飽和アルギン酸3糖，tetra：不飽和アルギン酸4糖，penta：不飽和アルギン酸5糖．
　　　B：FlAlyA および市販アルギン酸分解酵素によるアルギン酸分解．1 U は，1分間に235 nm における吸光度を 0.01 上昇させる酵素量と定義した．
　　　C：HULK アルギン酸分解酵素の外観．

お，本酵素は「HULK アルギン酸分解酵素」の名称で 2015 年 10 月から（株）
ニッポンジーンより発売が開始された（図 5・4C）.

UMI-01 株のその他のアルギン酸分解酵素（FlAlyB，FlAlyC および FlAlex）
は，互いに異なる基質選択性をもち，複合的に作用することでアルギン酸を完
全分解している[16]. FlAlyB は polyM 領域，FlAlyC は polyMG 領域，FlAlex
は polyG 領域に特異的に作用し，単糖由来の DEH を生じる（図 5・4A）.

このようにして生じた DEH は，アルギン酸分解オペロン内にコードされて
いる 3 種類の酵素によって代謝される．初めに，DEH 特異的還元酵素 FlRed
により 2-keto-3-deoxy-D-gluconate（KDG）へと変換される[17]. 次いで，KDG
キナーゼ FlKin により 2-keto-3-deoxy-6-phosphate-gluconate（KDPG）へとリ
ン酸化され，KDPG アルドラーゼ FlAld によりピルビン酸とグリセルアルデヒ
ド -3- リン酸（GAP）に開裂する．実際，試験管内でアルギン酸に上述の分解
酵素，FlRed，FlKin，FlAld を順次作用させるとアルギン酸からピルビン酸と
GAP を生じた.

アルギン酸分解酵素の中で PL-7 ファミリーに分類されるものは最も多く報
告されており，いくつかの酵素については立体構造も解析されている．これま
でに機能解析されているものはすべて原核生物由来のものであったが，近年，
紅藻類スサビノリのゲノム配列および EST データベース中に PL-7 に属すると
予測されるタンパク質（PyAly）をコードする配列が発見された．組換え
PyAly を用いた機能解析の結果，エンド型切断様式でアルギン酸を分解し，3
〜 5 糖を生じた[18]. 興味深いことに，RT-PCR 解析の結果，PyAly をコードす
る mRNA の転写は配偶体では確認されたが，胞子体からは検出されなかった.
これまでに紅藻類ではオオシコロにアルギン酸の存在が示唆されている[19] も
ののスサビノリを含む他の紅藻類ではアルギン酸の存在は知られていない．そ
のため，PyAly の生理機能については不明な点が未だに多いが，アルギン酸を
真の基質として機能しているのであれば，アルギン酸を細胞外多糖成分として
藻体に付着した細菌からの生体防御に利用しているのかもしれない.

PyAly のアミノ酸配列は，既知の他種 PL-7 アルギン酸分解酵素と比較的高
い同一性を示したが，最も高い相同性を示した配列は *Nitratiruptor* sp.
SB155-2 がコードする hypothetical protein NIS_0185（以後 NitAly と称する）

であった. *Nitratiruptor* sp. SB155-2 は，深海約 1000 m の熱水鉱床付近から単離された ε - プロテオバクテリアであり，至適増殖温度が 60℃ 付近の中等度好熱細菌である[20]. このような極限環境下で生息する生物が作り出す酵素は "Extremozyme" と呼ばれ，ユニークな至適条件を示すことが多い. そこで組換えタンパク質を生産し，各種多糖類に対する分解能を調べた結果，NitAly はアルギン酸に対してエンド型の切断様式を示し，最終生成物は 3 〜 6 糖であることがわかった[21]. また，至適条件は他のアルギン酸分解酵素と比較して異なる点が多く，至適温度は 70℃ と好熱性酵素であることがわかった. 他のアルギン酸分解酵素が中性からアルカリ性で最大活性を示すのに対して，NitAly の至適 pH は 5 〜 6 であり，pH 7 以上ではほとんど活性を示さなかった. また，強い好塩性を示し，0.8 〜 1.2 M NaCl で活性は最大となった. さらに筆者らは，DTT などの還元剤は酵素活性に影響はないが，熱安定性を低下することを見出した. NitAly には 2 つの Cys が含まれており，これらの Cys はホモロジーモデリングの結果，互いに近接しジスルフィド結合を形成する可能性が強く示唆された. 変異体を用いた解析でもこれらのアミノ酸が熱安定性に大きく関与することがわかった. そこで，一次構造比較と予測立体構造情報に基づいて PyAly 中の NitAly の各 Cys に相当するアミノ酸をそれぞれ Cys に置換した. 2 つの Cys が導入された PyAly は熱安定性が上昇し，分解活性は変化しなかった. この結果は，PL-7 に属するアルギン酸分解酵素の熱安定性の上昇に 2 つの Cys の導入が有用であることを示唆している.

　Nitratiruptor sp. SB155-2 の NitAly 遺伝子周辺のゲノム配列を詳細に解析するとアルギン酸生合成にかかわると予測される複数のタンパク質をコードする遺伝子がクラスタを形成していることがわかった. これらの情報から類推すると NitAly はアルギン酸合成にかかわる酵素の一部であり，*Nitratiruptor* sp. SB155-2 はアルギン酸を生合成し，自らを付着するための細胞外多糖として利用していると考えられる. アルギン酸は二価金属イオン存在下でゲルを形成することができる粘性多糖であるが，ゲル形成能をもつ他の多糖類（寒天やカラギーナンなど）と比較して形成されたゲルは，熱による影響をほとんど受けず，耐圧性も高い点で優れている. 深海の熱水鉱床付近に生息する生物にとってアルギン酸のこのような物理特性は環境適応に最適であるのかもしれない.

2・2　ラミナラン分解酵素

　ラミナランは，褐藻類にみられるグルコースから構成される β - グルカンであり，β -1,3 結合から成る主鎖と部分的に β -1,6 結合を介した分岐鎖をもつ．これらの結合の含有比は褐藻種によって異なっており，コンブ類の *Laminaria digitata* や *L. hyperborea* では β -1,3 : β -1,6 が 7 : 1[22] であるのに対してアラメ *Eisenia bicyclis* では 3 : 2[23] である．β -1,3 結合を含むグルカンは自然界に広くみられ，真菌類，珪藻類，苔類，細菌類やミドリムシなど産生する生物は多い．

　アルギン酸分解菌として単離された上述の UMI-01 株は，カードラン（細菌類が産生する直鎖状の β -1,3- グルカン）を唯一炭素源としても増殖可能であった．さらにゲノム解析の結果，β -1,3- グルカンの分解に関与すると予測される 3 つのタンパク質（ULam109，同 110，および同 111）をコードする遺伝子がクラスターを形成していることがわかった．これらのうち ULam109 と同 111 は，互いに高い配列相同性を示し Glycoside hydrolase family（GHF）16 に属するエンドグルカナーゼと考えられた．前者は膜結合ドメインと予測される構造をもっていたが，後者はもっておらず遊離型酵素と予測された．また，ULam110 は，GHF3 に属する β - グルコシダーゼと予測され，とくにラミナリビオースに作用すると考えられた．

　これらの酵素のうち，ラミナラン分解の初期段階で働くと考えられた ULam111 に着目し，組換え酵素を用いてその酵素特性を調べた．その結果，ULam111 は β -1,3 結合をもつ多糖類を分解するエンドグルカナーゼであることがわかった．とくに，β -1,3 結合含量が多い *L. digitata* 由来ラミナランとカードランをよく分解した（図 5・5A）．また，ラミナリビオースは分解できないが，3 糖以上のラミナリオリゴ糖は分解可能であり，*L. digitata* 由来ラミナランからのグルコース収率は約 50％であった．ULam111 の至適温度と同じ pH は，一般的な酵母の培養条件（30℃，pH 6）とよく一致していたことから，*S. cerevisiae* を ULam111 とともにラミナランを唯一炭素源として含む培地で培養した．ULam111 を含まない培地中では酵母はラミナランを分解できないため細胞増殖もエタノール生産もみられなかったが，ULam111 含有培地では酵母の増殖とともにラミナランが分解して，エタノールが生成した（図 5・5B）．

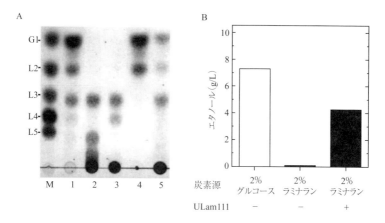

図5·5 ULam111による各種β-1,3グルカンの分解と酵母を用いたラミナランのエタノール変換への利用

A：ULam111による各種β-1,3-グルカンの分解物のTLC解析. M：マーカー, 1：ラミナラン（*L. digitata*由来）, 2：ラミナラン（*E. bicyclis*由来）, 3：β-グルカン（*Flammulina velutipes*由来）, 4：カードラン（*Alcaligenes faecalis*由来）, 5：リケナン（*Cetraria islandica*由来）. G1：グルコース, L2：ラミナリビオース, L3：ラミナリトリオース, L4：ラミナリテトラオース, L5：ラミナリペンタオース.

B：酵母によるラミナランからのエタノール生産. 酵母は, グルコースまたはラミナランを含有する培地を用いて30℃で培養し, 12時間後の培養液中のエタノール濃度を測定した. "-"および"+"は, それぞれ培養液中にULam111を添加しなかった場合および0.01 mg/mLとなるように添加した場合を示す.

今後, 酵母自身がULam111を発現できるように遺伝子を導入し, ULam111が分解できないラミナリビオースおよびβ-1,6結合を切断する酵素を同時に分泌発現することでラミナランの効率的なエタノール変換技術を構築することが可能となる.

§3. 糖化酵素のタンパク質工学による分子改変

自然界から同定された様々な反応を触媒する酵素は, 食品加工・医薬品合成・機能性素材合成などの産業利用, 海洋・土壌汚染物質の分解除去などの環境浄化, さらに遺伝子工学などの研究ツールとして広く利用されている. 魚肉などの結着剤として使用されるトランスグルタミナーゼ（TGase）は身近な代表例であり, ヒトの血液凝固因子として働くTGaseよりも微生物由来の

TGase は活性・安定性・生産性に加え，食味に影響するカルシウムを酵素反応に必要としない点で産業化を加速させた．このように酵素性状は実利用において極めて重要である．天然酵素のもつ性状には，反応速度や基質特異性に加え，pH 依存性や熱安定性などがあり，それらを用途に応じて最適化するためのアプローチの 1 つとして，タンパク質工学による分子改変がある．筆者らは糖化酵素の分子改変のために，高次構造情報に基づくタンパク質工学アプローチを適用した．

　すでに述べたようにアルギン酸分解酵素に共通の触媒機構は脱離（リアーゼ）反応であり，共通した触媒残基が機能すると考えられている．一般にチロシン（Tyr）残基が酸触媒としてアルギン酸のグリコシド結合に水素原子を付加すると同時に，5 位の水素原子を引き抜く塩基触媒としても働く[24]．また，ヒスチジン（His）残基が塩基触媒の代わりに機能するアルギン酸リアーゼも存在する[25]．筆者らは既報のアルギン酸分解酵素に比べて高い分解活性をもつ FlAlyA を見出しており，その X 線結晶構造解析と各種変異体の性状解析により，酵素機能を改変するための構造基盤を明らかにした．

　PL-7 ファミリーに属する FlAlyA の結晶構造の決定により，多様な配列をもつアルギン酸オリゴ糖との結合モデルを解析することが可能になった．FlAlyA は正電荷を帯びた窪みをもち，そこにアルギン酸が結合すると推定される．アルギン酸の各糖鎖の結合位置は非還元末端側から……－ 2，－ 1，＋ 1，＋ 2……と並び，－ 1 と＋ 1 の部位にそれぞれ結合した糖鎖間のグリコシド結合が切断される（図 5·6（口絵））．触媒残基は＋ 1 部位を囲むように配置し，各種糖鎖の結合モデルとの位置関係から，FlAlyA は糖鎖の種類により触媒残基を使い分けていることが示唆された．アルギン酸を構成する β-D-マンヌロン酸（M）鎖を切断するときには Tyr 残基が酸塩基触媒として機能し，α-L-グルロン酸（G）鎖では塩基触媒として His 残基を利用する（図 5·6（口絵））．一方，FlAlyA の高い活性と，反応の pH 依存性およびエンド／エキソ型活性は，活性部位よりも外側の－ 2 および＋ 2 の部位で制御されることが明らかになった．＋ 2 部位には FlAlyA に特徴的な 2 つのループ構造が蓋をするように覆いかぶさることで＋ 2 部位に結合する糖鎖を認識することが推定された（図 5·6（口絵））．これにより，FlAlyA は高いアルギン酸分解活性を

示すことができる．一方，－2部位の改変はFlAlyAの性状を多様に変化させた．－2部位を構成するリシン（Lys）残基の置換により（図5・6（口絵）），FlAlyAの至適pHは中性（pH 7 〜 7.5）から弱酸性（pH 5.5 〜 6）へと変化し，Lys残基の正電荷は中性におけるFlAlyAの活性亢進に寄与していることが示された．pH 5.8における変異酵素の活性は野生型の2.5倍であり，エタノール発酵に用いる酵母の培養は通常pH 6付近で行われるため，－2部位の改変によりスーパー酵母として利用するのに，より適した性状をFlAlyAに付与することができた．また，Lys残基に芳香族アミノ酸残基を導入することにより，FlAlyAのエキソ型活性が亢進することも見出された．これは－2部位に立体障害を設けることで，アルギン酸鎖の還元末端が－1部位に配置しやすくなったためと推定される．

§4．スーパー酵母の創製

　筆者らはアルギン酸，ラミナラン，マンニトールを資化発酵できるスーパー酵母の創製を試みた．なお残念なことに，筆者らが事業遂行中に類似研究が次々と論文発表されていった．例えば，Newman *et al.*[26]はマンニトールとアルギン酸単糖を資化発酵できる組換え酵母を創製した．Takagi *et al.*[27, 28]は細胞表層でアルギン酸を分解できる組換え酵母を創製した．また，Motone *et al.*[29]はラミナランを資化発酵可能な組換え酵母を創製した．これは本分野が世界的に競合状態にあることを示しているが，筆者らは上記の研究とは異なったアプローチで，ラミナラン，マンニトール，アルギン酸を同時資化発酵できるスーパー酵母創製事業を継続した．すなわち，アルギン酸は細胞外でFlAlyA，FlAlexによりDEHに分解される．DEHはトランスポーターAc_DHT1により細胞内へ輸送され，FlRed，FlKin，FlAldによりピルビン酸に代謝される．ラミナランは細胞外でULam111によりグルコースに分解され，解糖系を経てピルビン酸に至る．マンニトールは細胞内でマンニトール-2-デヒドロゲナーゼ（M2DH）によりフルクトースに変換され，同様に解糖系を経てピルビン酸に至る．ピルビン酸は酵母の嫌気代謝によりエタノールへ変換される．こうして，8種類の酵素系を酵母で発現させることで，ワカメ糖質成分の大部分をバイオエタノールに変換するスーパー酵母が創製できる．

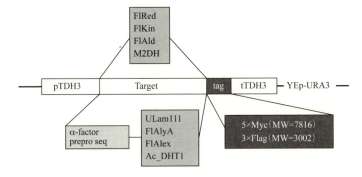

図 5·7　酵母発現プラスミドの構築

表 5·2　褐藻代謝酵素の酵母細胞での発現

酵素遺伝子	活性発現
ULam111	酵母細胞による分泌発現を確認
FlAlyA	酵母細胞による分泌発現を確認
FlAlex	形質転換株を取得できない
Ac_DHT1	酵母細胞内で発現を確認
FlAld	酵母細胞内で活性発現を確認
FlRed	酵母細胞内で発現を確認
FlKin	酵母細胞内で発現を確認
M2DH66	酵母細胞内で発現を確認

　そこで，酵素遺伝子 8 種類は発現プラスミドに連結して酵母細胞へ導入した（図 5·7）．FlRed，FlKin，FlAld，M2DH は細胞内での発現，FlAlyA，FlAlex，Ac_DHT1，ULam111 は細胞外での発現を試みたところ，FlAlex を除く 7 種類の遺伝子は酵母でタンパク質活性を発現していた（表 5·2）．一方，FlAlex を導入した酵母は形質転換体が得られず，生産物に細胞毒性があると判断した．そこで，FlAlex の酵母細胞発現の代替戦略を立てた．

§5.　多糖類分解バイオリアクターの構築

　スーパー酵母の創製結果を踏まえ，細胞外で発現する FlAlyA，FlAlex，ULam111 を酵母に導入する代替として，酵素を高分子担体に固定化するバイオリアクターシステムを構築した（図 5·8）．アルギン酸は FlAlyA リアクター

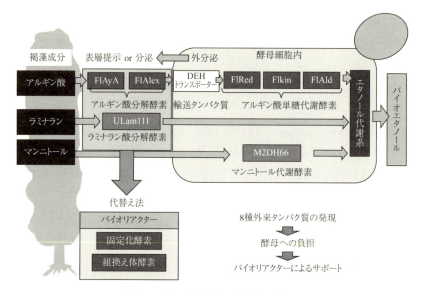

図5·8　スーパー酵母とバイオリアクター

によりアルギン酸オリゴ糖を連続生産することができた．さらに，アルギン酸オリゴ糖はFlAlexリアクターによりDEHを連続生産することができた（図5·9）．このバイオリアクターは6回のくり返し使用においても，活性が安定化していた．また，アルギン酸オリゴ糖は，美容・食品・医療・農業などの分野で利用可能な高付加価値生理活性物質であり，FlAlyAリアクターによるアルギン酸オリゴ糖の連続生産に利用可能であることがわかった．次に，ULam111リアクターによりラミナランからグルコースを連続生産することができた．本バイオリアクターは10回のくり返し使用においても，活性が安定化していた（データ詳細は記載しない）．以上の結果から，多糖類分解バイオリアクターはスーパー酵母と組み合わせることにより，スーパー酵母がもつ欠点を補うことが可能であることがわかった．

　以上の結果を総括し，図5·10に示すシステムを提案する．最初に，ワカメ廃棄物（芯茎部・塩蔵白色体）からバイオリアクターによりアルギン酸オリゴ糖を生産する．オリゴ糖は生理活性物質として各種の産業分野で製品化する．

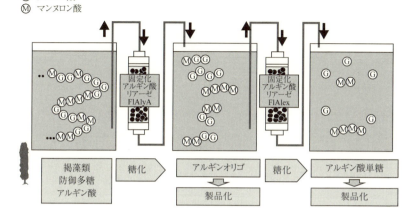

図 5·9　固定化酵素による褐藻アルギン酸からのオリゴ糖生産

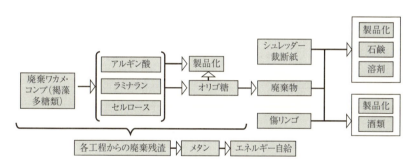

図 5·10　ワカメ廃棄物有効利用の提案

　次に，オリゴ糖抽出残渣（グルコースや DEH）にシュレッダー裁断紙糖化物を添加した混合物を作製し，スーパー酵母あるいは海洋酵母によりバイオエタノールを生産する．精製エタノールは消毒や化学品の溶剤として使用できる．また，本稿では詳しく記載しなかったが，オリゴ抽出残渣にリンゴエキスを添加してワイン酵母で発酵すると醸造酒が製造される．醸造酒を蒸留して，長期保存可能な蒸留酒を製造することができる．本事業によりワカメ廃棄物の新規有効利用法を提案することができたことから，実際の開発が期待される．

82

文　献

1) Takagi T, Uchida M, Matsushima R, Komada H, Takeda T, Ishida M, Urano N. Comparison of ethanol productivity among yeast strains using three different seaweeds. *Fish. Sci.* 2015; 81: 763-772.

2) Obara N, Okai M, Ishida M, Urano N. Bioethanol production from mixed biomass (waste of Undaria pinnatifida processing and paper shredding) by fermentation with marine-derived *Saccharomyces cerevisiae*. *Fish. Sci.* 2015; 81: 771-776.

3) Obara N, Oki N, Okai M, Ishida M, Urano N. Development of a simple isolation method for yeast *Saccharomyces cerevisiae* with high fermentative activities from coastal waters. *Studies in Sci. Tech.* 2015; 4: 71-76.

4) Mitsuya D, Okai M, Kawaguchi R, Ishida M, Urano N. Cascade bioethanol productions from glucose and mannitol in the saccharified kombu *Laminariaceae* sp. with anaerobic and aerobic fermentations by two kinds of yeast. *Studies in Sci. Tech.* 2016; 5: 59-65.

5) 小原信夫, 榎牧子, 岡井公彦, 上田孝太郎, 石田真巳, 浦野直人. キシロース発酵能を持つ新奇酵母によるバイオエタノール生産. 科学・技術研究 2014; 3: 55-60.

6) Lombard V, Golaconda Ramulu H, Drula E, Coutinho PM, Henrissat B. The carbohydrate-active enzymes database (CAZy) in 2013. *Nucleic Acids Res.* 2013; 42: D490-D495.

7) Michel G, Tonon T, Scornet D, Cock JM, Kloareg B. The cell wall polysaccharide metabolism of the brown alga *Ectocarpus siliculosus*. Insights into the evolution of extracellular matrix polysaccharides in eukaryotes. *New Phytol.* 2010; 188: 82-97.

8) Shimizu E, Ojima T, Nishita K. cDNA cloning of an alginate lyase from abalone, *Haliotis discus hannai*. *Carbohydr. Res.* 2003; 338: 2841-2852.

9) Suzuki H, Suzuki KI, Inoue A, Ojima T. A novel oligoalginate lyase from abalone, *Haliotis discus hannai*, that releases disaccharide from alginate polymer in an exolytic manner. *Carbohydr. Res.* 2006; 341: 1809-1819.

10) Rahman MM, Inoue A, Tanaka H, Ojima T. Isolation and characterization of two alginate lyase isozymes, AkAly28 and AkAly33, from the common sea hare *Aplysia kurodai*. *Comp. Biochem. Physiol. B, Biochem. Mol. Biol.* 2010; 157: 317-325.

11) Rahman MM, Wang L, Inoue A, Ojima T. cDNA cloning and bacterial expression of a PL-14 alginate lyase from a herbivorous marine snail *Littorina brevicula*. *Carbohydr. Res.* 2012; 360: 69-77.

12) Rahman MM, Inoue A, Tanaka H, Ojima T. cDNA cloning of an alginate lyase from a marine gastropod *Aplysia kurodai* andassessment of catalytically important residues of this enzyme. *Biochimie* 2011; 93: 1720-1730.

13) Hata M, Kumagai Y, Rahman MM, Chiba S, Tanaka H, Inoue A, Ojima T. Comparative study on general properties of alginate lyases from some marine gastropod mollusks. *Fish. Sci.* 2009; 75: 755-763.

14) Mochizuki S, Nishiyama R, Inoue A, Ojima T. A novel aldo-keto reductase, HdRed, from the pacific abalone *Haliotis discus hannai*, which reduces alginate-derived 4-deoxy-l-erythro-5-hexoseulose uronic acid to 2-keto-3-deoxy-D-gluconate. *J. Biol. Chem.* 2015; 290: 30962-30974.

15) Inoue A, Takadono K, Nishiyama R, Tajima K, Kobayashi T, Ojima T. Characterization of an alginate lyase, FlAlyA, from *Flavobacterium* sp. strain UMI-01 and its expression in *Escherichia coli*. *Mar. Drugs* 2014; 12: 4693-

4712.

16) Inoue A, Nishiyama R, Ojima T. The alginate lyases FlAlyA, FlAlyB, FlAlyC, and FlAlex from *Flavobacterium* sp. UMI-01 have distinct roles in the complete degradation of alginate. *Algal Res*. 2016; 19: 355-362.

17) Inoue A, Nishiyama R, Mochizuki S, Ojima T. Identification of a 4-deoxy-L-erythro-5-hexoseulose uronic acid reductase, FlRed, in an alginolytic bacterium *Flavobacterium* sp. strain UMI-01. *Mar. Drugs* 2015; 13: 493-508.

18) Inoue A, Mashino C, Uji T, Saga N, Mikami K, Ojima T. Characterization of an eukaryotic PL-7 alginate lyase in the marine red alga *Pyropia yezoensis. Curr. Biotechnol*. 2015; 4: 240-248.

19) Okazaki M, Furuya K, Tsukayama K, Nisizawa K. Isolation and identification of alginic acid from a calcareous red alga *Serraticardia maxima. Bot. Mar.* 1932; 25: 123-132

20) Nakagawa S, Takaki Y, Shimamura S, Reysenbach AL, Takai K, Horikoshi K. Deep-sea vent epsilon-proteobacterial genomes provide insights into emergence of pathogens. *Proc. Natl. Acad. Sci. U.S.A.* 2007; 104: 12146-12150.

21) Inoue A, Anraku M, Nakagawa S, Ojima T. Discovery of a novel alginate lyase from *Nitratiruptor* sp. SB155-2 thriving at deep-sea hydrothermal vents and identification of the residues responsible for its heat stability. *J. Biol. Chem.* 2016; 291: 15551-15563.

22) Bull AT, Chesters CGC. The biochemistry of laminarin and the nature of laminarinase. *Adv. in Enzymol.* 1966; 28: 325-364.

23) Usui T, Toriyama T, Mizuno T. Structural investigation of laminaran of *Eisenia bicyclis. Agric. Biol. Chem.* 1979; 43: 603-611.

24) Yoon H-J. *et al.* Crystal structure of alginate lyase A1-III complexed with trisaccharide product at 2.0 Å resolution. *J. Mol. Biol.* 2001; 307: 9-16.

25) Osawa T. *et al.* Crystal structure of the alginate (poly *α*-L-guluronate) lyase from *Corynebacterium* sp. at 1.2 Å resolution. *J. Mol. Biol.* 2005; 345: 1111-1118.

26) Newman ME *et al.* Efficient ethanol productions from brown macroalgae sugars by a synthetic yeast platform. *Nature* 2014; 505: 239-243.

27) Takagi T. *et al.* Putative alginate assimilation process of the marine bacterium *Saccharophagus degradans* 2-40 based on quantitative proteomic analysis. *Mar. Biotechnol.* 2016; 18: 15-23.

28) Takagi T. *et al.* Engineered yeast whole-cell biocatalyst for direct degradation of alginate from macroalgae and production of non-commercial useful monosaccharide from alginate. *Appl. Microbiol. Biotechnol.* 2016; 100: 1723-1732.

29) Motone K. *et al.* Direct ethanol fermentation of the algal storage polysaccharide laminarin with an optimized combination of engineered yeasts. *J. Biotech.* 2016; 231: 129-135.

6章　三陸沿岸域の特性やニーズを基盤とした海藻産業イノベーション

宮下和夫[*]

§1. 食資源としての海藻の重要性

1・1　海藻資源の特徴

　バイオマス資源としての海藻の優位性，すなわち，炭酸ガス吸収能力が陸上植物より高いこと，陸上植物とは異なり淡水を必要とせず海水で生育すること，陸上植物には見られない栄養機能成分を光合成により生産すること，陸上食資源との競合がないこと，などが世界的に注目されており，海藻の能力を最大限活かした有効活用が求められている[1]（図6・1）．また，海藻は，藻場を形成し，海洋動物の産卵場所や幼魚の生育環境などを提供している．したがって，海藻資源の持続的利用のための適切な資源管理と有用資源の増大や生態系機能の保全にも配慮した海藻増養殖技術の開発は，これからの水産業あるいは食品産業にとって極めて重要といえる．さらに，海藻は栄養バランスに優れており，世界各国においても，和食，とくにノリを多用する寿司などが広まったことにより，海藻に対する消費者の関心が高まっている．例えば，ヨーロッパなどでは，その優れた栄養機能性からスーパーフードの名前で知られるようになっており，海藻の食品への応用が世界的にも注目されている．とくに，食物繊維とミネラルに富む低カロリー食材としての関心が高い[2]．

1・2　海藻の主な栄養成分：食物繊維とミネラル

　種類によっても含量は異なるが，海藻には，乾物重量に換算して30〜60%以上の食物繊維と20%前後のミネラルが含まれている[3]．小松菜，ホウレンソウ，葉だいこん，パセリといった葉物野菜も海藻と同じように食物繊維とミネラルが多いが，海藻を上回るものではない．こうした成分特性により，海藻100 g 当たりのエネルギーは200 kcal 以下であり，低カロリー食品素材として利用できる．海藻に含まれる食物繊維としては，褐藻類のアルギン酸とフコイ

* 北海道大学大学院水産科学研究院

ダン，紅藻類の寒天，カラギーナン，ポルフィランがよく知られている．海藻
食物繊維の栄養機能は種類によっても異なるが，基本的には食物繊維一般に見
られる物理・化学的作用により，主に腸管において様々な有効性を示し，種々
の腸疾患の予防・改善や脂質・糖代謝の改善が期待できる（図6・1）．

　海水中のミネラルではナトリウムが圧倒的に多く（80％以上），その他マグ
ネシウム（約10％），カルシウムとカリウム（約3％）も含むが，海藻のミネ
ラル成分として最も多いのはカリウムで，ついでナトリウム，カルシウム，マ
グネシウムと続く[3]．例えば，主な海藻中のカリウムとナトリウム含量をみて
みると，ノリ（カリウム：63％，ナトリウム：12％），マコンブ（カリウム：
59％，ナトリウム：27％），ヒジキ（カリウム：55％，ナトリウム：18％）な
どとなっており，海藻は海水中のカリウムを優先的に濃縮しているといえる．
生体組織の機能維持にミネラルは必須であるが，過剰に摂取すると障害を引き
起こすこともある．とくに問題となっているのがナトリウム過多（塩分過多）
による高血圧リスクである．日本人の塩分（塩化ナトリウム）摂取量はこのと

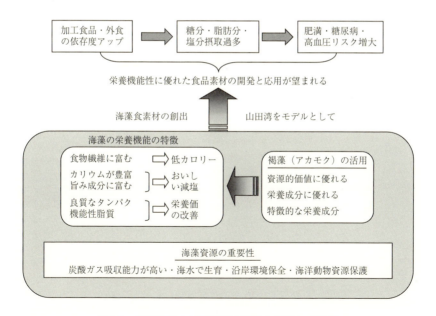

図6・1　生物資源としての海藻の重要性と食素材への活用

ころ減少傾向にあるとはいえ，2013年度国民健康・栄養調査によれば，その平均摂取量は男性で10.9 g，女性で9.2 gであり，WHOの推奨する1日5 g未満にはほど遠い状況となっている．一方，海藻に多く含まれるカリウムは，浸透圧の調節，酸‐塩基平衡，心臓機能や筋肉機能の調節に関与している他，ナトリウムと拮抗することでナトリウムの過剰摂取に起因する高血圧や脳卒中を予防することができる（図6・1）．

1・3　海藻のその他の栄養成分：タンパク質と脂質

その他，海藻中にはタンパク質が乾燥重量当たり10％以上含まれており，種類によっては40％を超えるものもある．卵，乳，肉のタンパク質のアミノ酸組成はバランスがよくとれており，アミノ酸スコア（タンパク質の判定に用いる指標：100点満点で評価）もほとんどが100となっている．ただ，これらの食材は，脂質も多く高カロリーである．一方，海藻と同じように食物繊維やミネラルが多く，総カロリーも低い野菜類のアミノ酸スコアは50点台に過ぎない．また，穀類は玄米で68，小麦粉（薄力）で44などとなっている．これに対して，海藻では，ノリ：91，コンブ：82，ワカメ：100と，肉，卵，乳以外で比較的アミノ酸スコアの高い大豆（86）に匹敵する値となっている．海藻には旨み成分であるグルタミン酸やアスパラギン酸，甘味をもつグリシン，アラニン，プロリンなども多く含まれており，日本食の味作りに重要な役割を果たしている．

五訂増補日本食品標準成分表[3]によれば，海藻中の脂質は多くとも乾燥重量当たり4％程度となっている．しかし，海外での研究も含めると，20％を超える脂質含量も報告されている[1]．こうした相違は主として脂質の抽出法の違いによる．海藻の細胞壁は堅く，また，脂質は他の成分と結合するなどして抽出が難しくなっているため，抽出が十分でないと同じ海藻種であっても総脂質含量は異なる．また，採取時期によっても脂質含量が大きく変動することがわかっている．ところで，脂質の栄養的特徴はその脂肪酸組成によって大きく異なる．とくに，二重結合を複数有する多価不飽和脂肪酸（PUFA）には様々な栄養機能性が知られている．海藻は，藻体の色の違いで緑藻，紅藻，褐藻に大別されるが，海藻脂質中の主なPUFAもそれぞれ異なり，褐藻ではα‐リノレン酸（18:3n-3），ステアリドン酸（18:4n-3），エイコサペンタエン酸（20:5n-3,

EPA），アラキドン酸（20:4n-6）が，紅藻では EPA が，また，緑藻では α - リノレン酸（18:3n-3）やステアリドン酸（18:4n-3）が多い．α - リノレン酸，ステアリドン酸，EPA などはオメガ 3PUFA，リノール酸（18:2n-6）やアラキドン酸はオメガ 6PUFA と定義され，いずれのグループも生体機能維持に必須である．ただ，オメガ 6PUFA とオメガ 3PUFA はそれぞれ異なる生理作用を示すことが多く，どちらか一方の割合が高いと他方の脂肪酸の要求量が高まる．また，DHA やアラキドン酸は乳幼児の脳や網膜の発達に必須である他，高齢者の脳機能維持にも重要な役割を果たすと考えられており，脂質の総摂取量が過剰でも，オメガ 6 およびオメガ 3PUFA の摂取量は不足していることがある．主要なオメガ 6 およびオメガ 3PUFA のうち，リノール酸と α - リノレン酸は食用油から，アラキドン酸は畜肉などから，また，EPA と DHA は水産物から得ることができるとされるが，海藻のように，オメガ 3PUFA の EPA とオメガ 6PUFA のアラキドン酸の両方を多く含む生物は稀である．

§2．海藻を活用した産業創出

2・1　加工食品原料としての海藻素材

　海藻は日本食には欠かせない食材である．乾燥品，塩蔵品，寒天などの従来からある海藻利用法は，今後も日本食の中に活かしていくべきだが，あまりに海藻が伝統食材として馴染みすぎたために，新たな海藻の利用法についての取り組みがなおざりにされてきたことも否めない．上述のように，海藻には多くの有用な栄養成分が含まれており，こうした栄養成分の特徴をできるだけ強調した海藻活用にも目を向けるべきである．海藻中の栄養成分を利用する方法としては，特定の成分を多く含む抽出物などを用いた機能性食品や，海藻粉末などをベースにした加工食品の開発などが期待できる．

　ところで，現代の食生活の特徴として，加工食品や中食・外食への依存度の増大が挙げられる．加工食品の利用や外食が増えると，エネルギーや塩分の摂取過多と，それによる生活習慣病のリスクが増す．一方，消費者のニーズ，とくに健康志向の高まりのなか，栄養的に優れ，汎用性にも富む高品質な加工食品素材が求められている．これに対して，海藻を加工食品素材として用いた場合，ミネラルとくにカリウム含量が高くかつ旨み成分も豊富なために，おいし

い塩味を付与しつつ塩化ナトリウムの摂取を軽減させることが可能である．さらに，食物繊維も豊富であり高い機能性を示す脂質も多く，魚などの水産食品と野菜の良さの両方をもち合わせた加工素材を提案することができる．海藻は，乾燥しても品質が長持ちするなど加工適性にも優れた食品素材であり，海藻を核とした新たな水産業の創出が期待できる（図6·1）．

2·2　アカモク

　日本の国土は狭く，また，急峻な山岳地帯も多いため，耕地は限られている．わが国はこうした狭い国土に適応した効率的な食料生産技術を確立してきたが，陸上での食料生産は限界に達しつつある．一方，沿岸面積の広さは世界でも上位に位置し，その有効活用が重要なことはいうまでもない．わが国は高度な工業化を成し遂げ，陸地の開発もほぼ究極まで行われたが，沿岸域には生物資源が豊かな地域も多く見られる．とくに海藻に着目すれば，地域ごとに様々な海藻資源が見られ，三陸沿岸のように，豊かな森林と各湾に流れ込む清澄な河川がある地域での海藻資源のポテンシャルはとくに高い．このような観点から，東北マリンサイエンス拠点形成事業（新たな産業の創成につながる技術開発）では，三陸山田町（山田湾）をモデル地域とし，生産性に優れた "褐藻"，その中でも「アカモク」に着目した産業創出を試みた．

§3.　なぜアカモクなのか？

3·1　フコキサンチンの優れた栄養機能性

　褐藻脂質にはフコステロールやフコキサンチンといった紅藻や緑藻にはほとんど見られない機能性成分が含まれている．フコステロールは，植物ステロールと同様にコレステロールの吸収抑制作用を示す．フコキサンチンは赤色のカロテノイド色素として，褐藻や珪藻の光合成に必須の成分である．フコキサンチンは生理作用がよく解明された成分で，抗肥満作用や血糖値改善作用を示すことが知られている[4-8]．例えば動物にフコキサンチンを投与すると，内臓白色脂肪組織（WAT）にフコキサンチン代謝物が最も多く蓄積する[9]．蓄積したフコキサンチン代謝物は，細胞のエネルギー代謝にかかわる脱共役タンパク質1（UCP1）を活性化することで，過剰に蓄積した脂肪を分解し，分解エネルギーを体熱として発散させることが知られている．UCP1は，本来熱産生器

官として知られる褐色脂肪組織（BAT）のみに見出され，内臓 WAT での発現はないと考えられていたため，フコキサンチンによる内臓 WAT での UCP1 の発現誘導には大きな関心が集まった[4-8]．フコキサンチンは血糖値の改善作用も示すが，これは，内臓 WAT に蓄積したフコキサンチン代謝物による内臓 WAT の炎症状態の改善と[9]，血中のフコキサンチン代謝物による筋肉細胞における糖代謝亢進作用に起因すると考えられている[4-8]．

3・2　フコキサンチンの供給源

　海藻を原料とした産業創出を図るうえで褐藻色素フコキサンチンの極めて優れた栄養機能性は魅力的である．フコキサンチンの示す抗肥満作用や抗糖尿病作用については，かなり詳細にその機能が解明できており[4-8]，フコキサンチンを多く含む製品への関心も高い．したがって，フコキサンチンを含む褐藻製品あるいは抽出物は，褐藻を原料とする新製品創出の起爆剤となり得る．このような観点から，種々の褐藻についてフコキサンチン含量や脂質含量を比較した結果，ホンダワラ科がフコキサンチンの給源として適していることがわかった．なお，光合成の補助色素としてのフコキサンチンは葉緑体の膜脂質に存在するため，光合成の活発な成長期ほど脂質含量とフコキサンチン含量が高くなる．多年草のホンダワラ科海藻（ウガノモク）に関する検討では，成長に伴い，脂質含量は 50 mg/g DW から 160 mg/g DW へ，また，フコキサンチン含量は 0.6 mg/g DW から 4.1 mg/g DW へと増加した．さらにこの場合，オメガ 3PUFA の全脂肪酸に占める割合も約 10％から 40％に増大することもわかった[10]．

3・3　アカモク：フコキサンチンを多く含む海藻資源

　ホンダワラ科の海藻の中で食用とされるのは限られているが，その中でもアカモク（別名ギバサ）がよく知られている．アカモクは北海道南部沿岸から九州沿岸まで日本各地に分布しており，成長速度も速く群生するため資源として活用しやすい．また，赤色色素であるフコキサンチンのアカモク中の含量は，各種ホンダワラ科海藻の中で最も高いため，海中で他の褐藻よりも赤が強調される．このことがその名前にも反映されている．フコキサンチンは脂溶性色素のため，アカモクの脂溶性抽出物（アカモク脂質：フコキサンチンを 5％以上含む）に濃縮される．アカモク脂質を用いた動物実験（図 6・2）では，肥満・糖尿病マウスに対する内臓脂肪低減，血糖値改善，動脈硬化のリスク低減など

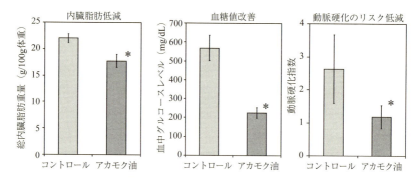

図6·2　肥満・糖尿病病態マウスに及ぼすアカモク液状素材（アカモク油：フコキサンチンを含む）の生理作用

　　　＊：コントロールと比較して有意差あり（$P < 0.001$）．

の効果が認められたが，これは主として含まれるフコキサンチンの作用によるものである．ただ，フコキサンチンのみの投与よりも，アカモク脂質として投与した方が，アカモク脂質に多く含まれるオメガ 3PUFA の相乗作用により，抗肥満作用などはより強く発揮される．こうした動物実験と種々の安全性試験に基づき，アカモク抽出物のサプリメントも開発され，ヒト試験が実施できるようになった．ヒト試験により，フコキサンチンの生理作用，とくに抗糖尿病作用について興味深い結果が得られつつある．こうした基礎研究で得られた知見は，山田湾でアカモクを取り扱っている岩手アカモク生産協同組合にも関心をもたれ，得られた学術的知見を同組合と共有することで，結果的に山田湾のアカモクを原料としたアカモク脂質サプリメントの販売を実現させた．

　アカモクは，ギバサの名前などで日本沿岸，とくに日本海側で食用とされてきたが，そのねばねばとした食感，上述のようなフコキサンチンへの関心の高まりなどから，全国的に食用海藻としての知名度が上がってきている．三陸山田湾は，アカモクを商業的に取り扱った最初の地域であり，アカモクに対する社会の注目度の高まりは，同地域でのアカモクを原料とする各種製品開発や販売に追い風となっている．また，山田湾や三陸沿岸でのアカモクの特徴，とくに，含まれる脂質やフコキサンチン含量，成分の経年変化などに基づいたアカモクのより効果的な活用法も期待されている．

§4．山田湾のアカモク

4・1　山田湾アカモクの特徴

日本沿岸で見られるアカモク *Sargassum horneri* は遺伝的に5つに分類できるとの報告[11]があり，それによれば三陸沿岸のアカモクは他地域と遺伝的な形質が異なるとされている．三陸沿岸のアカモク中の脂質含量，オメガ3PUFA含量，フコキサンチン含量はいずれも他地域のものよりも高く（図6·3），フコキサンチン素材の原料としては優れているといえる[12]．ただ，アカモク中の脂質やフコキサンチン含量などは季節変動もあり，山田湾では春先からの成長期にこうした成分が最大値となるため，フコキサンチンを含むアカモク脂質を抽出する場合には，成長期の藻体を利用すべきである．

4・2　山田湾のアカモク資源

山田湾のアカモクは，カキ棚周辺および湾口北東部の沿岸部に分布しており，分布密度はカキ棚周辺の方が沿岸部よりも5倍から10倍ほど大きい．ただし，もともとは湾内のカキ棚などにはアカモクは分布しておらず，湾口に生育していたアカモクからカキ棚ロープへ種苗が供給されている（図6·4）．カキ棚周辺のアカモクの生育水深は湾口部よりも深く，また，丈もより長く，その結果，カキ棚に成育するアカモクの分布密度は，湾口に生育するアカモクと比べ5～10倍程度高い．湾口よりもカキ棚周辺の方がアカモクの繁茂しやすい理由として，カキ棚周辺が岸壁に隣接する湾口部よりも光を遮るものが少なく，日照時間が長いことや，カキ棚が湾内にあるため波浪などによる藻体の流失が少な

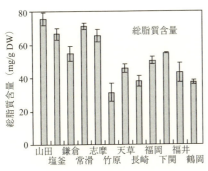
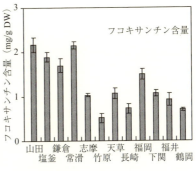

図6·3　日本各地で採取したアカモク中の総脂質とフコキサンチン含量

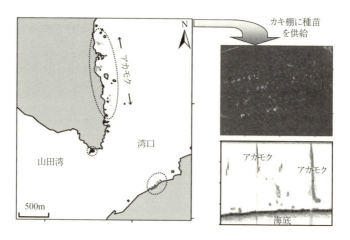

図6・4　カキ棚に繁茂するアカモクの資源調査（山田湾）

いこと，ウニなどの藻食性動物の捕食やマコンブなどのその他の海藻と競合が少ないことなどが挙げられる．こうしたことから，湾口部の天然のアカモク資源を絶やさないこと，収穫は成長のよいカキ棚周辺で行うことが，山田湾のアカモクの持続的生産のポイントであるといえる．ただし，複数年のモニタリングにより，山田湾のアカモクは，年変動のある海藻資源でもあることが示されており，この変動は主として冬から春先での海水温に依存している．海流，とくに親潮などの動向から生産量が少ないと予測される年には，養殖技術を用いるなどしてアカモク種苗を人工的に供給することも重要である．なお，山田湾でのカキの収穫はアカモクの成長後になるため，アカモクとカキの収穫を連続的に実施することが可能である．カキの養殖棚を活用したアカモク生産は，漁業資源保全や経済性に優れており，漁業生産の１つのモデルとして今後他地域にも応用できるものと考える．

4・3　アカモク種苗の生産

　通常，海藻種苗生産では，天然から受精卵を採取し，これを種苗まで育成する方法がとられる．しかし，　年間のうちで受精卵を採取できる時期は限られている．一方，藻体の切断により得られる小片をもとに，再生体を形成させ，この再生体を種苗として利用できれば，安定的かつ大量の海藻養殖が可能であ

る．再生体は，藻体小片からカルスを形成させ，さらに不定芽を経て得られるが，通常不定芽形成の効率は極めて低い．一方，アカモクを用いた研究により，ジベレリン合成阻害剤であるウニコナゾール処理によりカルス形成が促進され，不定芽形成も効率的に誘導できること，水温や光量が不定芽やカルスの形成に大きな影響を与えることなどが明らかにされている[13]．カルス経由によって得られた再生体は，親株と遺伝的に同一であるクローン体であるため，この方法を利用することにより，フコキサンチンなどの機能性成分含有量の多い優良株を大量生産することが可能である．

§5．アカモクを活用した食素材の開発

5・1　海藻素材の食品への応用

　食生活の急速な欧米化・グローバル化により，わが国の栄養摂取状況も大幅に変化した．とくに，加工食品を多く摂ることによる糖分，脂肪分，塩分（塩化ナトリウム）摂取量の増加が顕著であり，その結果，高血圧，肥満，糖尿病，さらには癌などの疾病リスクが増大している．アカモクに多く含まれるフコキサンチンは，その独特で効果的な分子機構を介して，肥満や糖尿病リスクを効率的に軽減させることが明らかになっている[4-8]．また，癌や炎症などに対して効果的であるとの報告もあり[9, 14, 15]．フコキサンチン含量の高いアカモク脂質サプリメントへの期待も高い．また，海藻は一般的に魚介類などの他の水産原料と比較して，保存性や安定性の面で食品素材として利用しやすく，陸上作物と比べて灌漑などの手間が不要でかつ大量生産が可能である．また，ミネラル，とくにカリウムが豊富で，グルタミン酸などの旨み成分も含むため，おいしい塩味を付与しつつ塩化ナトリウムの摂取を軽減させることができる．さらに，食物繊維に富み，アミノ酸スコアや，EPAなどのオメガ3PUFA含量も高い．こうした特徴から，海藻は，粉末素材などとして種々の加工食品への活用も期待できる．

5・2　海藻粉末素材

　実際，海藻粉末を麺類や菓子類などの小麦粉製品の原料とした場合，栄養価や物性が改善できることが明らかになっている．例えば，パスタ製造時にワカメ粉末を10％混合すると，全体的な食味は変わらないが，アミノ酸スコアが

改善され，脂質中のオメガ 3PUFA とオメガ 6PUFA の比率は 1：15.2 から 1：3.4 となる[16]．オメガ 3PUFA とオメガ 6PUFA の比率の推奨値は 1：2 〜 1：4 であり，ワカメ粉末の添加により脂肪酸の栄養価が向上する．褐藻粉末の主成分は食物繊維，ミネラル，タンパク質であり，こうした成分と小麦粉との混合物から製造される各種製品は，褐藻を添加しないものと比較して，種々の物性変化も観察されている[16]．これは小麦粉のタンパク質と褐藻の食物繊維やタンパク質といった高分子同士から形成されるマトリックスの特徴に起因しており，麺類での伸びの防止，パン・菓子類での水分や気泡の保持能力の改善などにより，製品価値の向上も期待できる．

5・3 アカモク粉末素材

アカモク粉末を用いた加工食品の場合，加熱しても含まれるフコキサンチンは消失しない．例えば，ワカメ粉末を小麦粉に混合し，パスタを製造・調理しても，含まれるフコキサンチンや EPA の損失はほとんどない．スコーンに褐藻粉末を混合した場合でも，加熱などによるフコキサンチンの減少は 20％以下であり[17]，加工食品へ海藻を応用しても，含まれる機能性脂質の安定性が確保できていることがわかる．ヒト試験により，フコキサンチンの生理作用が発揮されるためには 1 日当たり約 2 mg の摂取が必要と考えられている．山田湾産のアカモクには乾燥藻体 1 g 当たり 2 mg 程度のフコキサンチンが含まれているため，湿重量に換算して約 10 g を食すれば必要量のフコキサンチンが摂取できる計算になる．しかし，この場合，共存する他の成分による吸収阻害も受けるため，アカモク脂質として摂取した場合に比べ，フコキサンチンの吸収量が大幅に低下する．したがって，フコキサンチンの効果をアカモク粉末素材などに期待するなら，フコキサンチンが吸収されやすい素材形態を開発する必要がある．これについては，アカモク粉末製造時に，一旦藻体を凍結・解凍することで細胞を破壊し，水洗いの工程でフコキサンチンの吸収阻害成分を除去する方法（物理的方法）や，粉末の粒子径をより細かくすることによりフコキサンチンの吸収性を向上させる技術を開発している（図 6·5）．

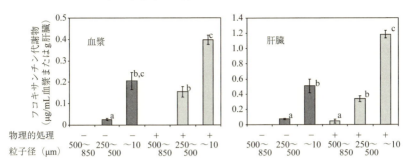

図6·5　フコキサンチンの吸収性に対する粉末の物理的処理の有無と粒子径の影響
異符号間で有意差あり（$P < 0.05$）.

§6. 三陸地域でのアカモクを活用した海藻産業創出

　現在，三陸地域では，アカモクを活用した産業創出が，上述のような東北マリンサイエンス事業で得られた成果に基づき具現化しつつある．例えば，上述の岩手アカモク生産協同組合と宮城県の企業が連携し，同じデザインのアカモクのパック製品を開発している．原料は，それぞれ山田湾と松島湾で収穫したアカモクを用いており，関東圏の大手販売店での需要も増大している．また，アカモク脂質サプリメント製造への原料供給，アカモク粉末を用いた加工食品製造など，今後の多様な展開も見込まれている．そのため，三陸山田湾では，岩手アカモク生産協同組合による新たなアカモク加工工場の新設が，復興庁の予算補助を受けて実現することになり，2017年に稼動予定である．

　東北マリンサイエンス拠点形成事業では，海藻の優れた栄養機能性を活用することで，山田湾での東日本大震災からの復興・再生を検討した．具体的には，アカモク資源の持続的生産システム，優良海藻種の開発，素材の食品化学的・栄養化学的特徴の把握，海藻素材を用いた食品などに関する研究開発を行ったが，得られた成果から，山田湾でのアカモクを中心とした産業創出が，この地域の震災復興をバックアップするだけでなく，わが国の水産業発展の1つのモデルケースにもなることがわかってきた．アカモクのような海藻のもつ沿岸環境保全能力，高い二酸化炭素吸収能力，優れた栄養機能は，まさに，わが国が目指している低炭素社会の実現と気候変動，高齢化の問題への対応に1つの方向性を示すものである．同時に，このような海藻原料の活用は，グローバ

ルに展開することも可能であり，市場規模が大きくかつ近年急速な発展が見られる食市場で，先駆的で新たな食品加工素材を提供できる.

文　献

1) Miyashita K, Mikamia N, Hosokawa M. Chemical and nutritional characteristics of brown seaweed lipids: A review. *J. Functional Foods* 2013; 5: 1507-1517.

2) Holdt SL, Kraan S. Bioactive compounds in seaweed: functional food applications and legislation. *J. Appl. Phycol.* 2011; 23: 543-597.

3) 文部科学省・科学技術学術審議会・資源調査分科会. 五訂増補日本食品標準成分表. 国立印刷局. 2005.

4) Miyashita K, Hosokawa M. Carotenoids as nutraceutical therapy for visceral obesity. In: Watson RR（ed）. *Nutrition in the Prevention and Treatment of Abdominal Obesity.* Elsevier. 2014; 329-340.

5) 宮下和夫，細川雅史. ニュートリゲノミクス解析に基づく褐藻カロテノイド，フコキサンチンの栄養機能性. 遺伝 2015; 69: 21-27.

6) 宮下和夫，細川雅史. 褐藻カロテノイド，フコキサンチン. FFI ジャーナル 2015; 220: 101-109.

7) 西川 翔，細川雅史，宮下和夫. 褐藻由来フコキサンチンの抗肥満・抗糖尿病作用. 「食品因子による栄養機能制御」（芦田 均，立花宏文，原 博編）建帛社. 2015; 57-71.

8) Miyashita K, Hosokawa M. The beneficial health effects of fucoxanthin. In: Bagchi D, Swaroop A, Bagchi M（eds）. *Genomics, Proteomics and Metabolomics in Nutraceuticals and Functional Foods.* Wiley Blackwell. 2015; 122-134.

9) Maeda H, Kanno S, Kodate M, Hosokawa M, Miyashita K. Fucoxanthinol, metabolite of fucoxanthin, improves obesity-induced inflammation in adipocyte cells. *Mar. Drugs* 2015; 13: 4799-4813.

10) Nomura M, Kamogawa H, Susant, E, Kawagoe C, Yasui H, Saga N, Hosokawa M, Miyashita K. Seasonal variations of total lipids, fatty acid composition,and fucoxanthin contents of *Sargassum horneri*（Turner）and *Cystoseira hakodatensis*（Yendo）from the northern seashore of Japan. *J. Appl. Phycol.* 2013; 25: 1159-1169.

11) Hu Z-M, Uwai S, Yu S-H, Komatsu T, Ajisaka T, Duan D-L. Phylogeographic heterogeneity of the brown macroalga *Sargassum horneri*（Fucaceae）in the northwestern Pacific in relation to late Pleistocene glaciation and tectonic configurations. *Mol. Ecol.* 2011; 20: 3894-3909.

12) Terasaki M, Kawagoe C, Ito A, Kumon H, Narayan B, Hosokawa M, Miyashita K. Spatial and seasonal variations in the biofunctional lipid substances（fucoxanthin and fucosterol）of the laboratory-grown edible Japanese seaweed（*Sargassum horneri* Turner）cultured in the open sea. *Saudi J. Biol. Sci.* 2016;（in press）.

13) Uji T, Nanaumi D, Kawagoe C, Saga N, Miyashita K. Factors influencing the induction of adventitious bud and callus in the brown alga *Sargassum horneri*（Turner）C. Agardh. *J. Appl. Phycol.* 2016; 28: 2435-2443.

14) Kumar SR, Hosokawa M, Miyashita K. Fucoxanthin: a marine carotenoid exerting anti-cancer effects by affecting multiple mechanisms. *Mar. Drugs* 2013; 11: 5130-5147.

15) Takahashi K, Hosokawa M, Kasajima H,

Hatanka K, Kudo K, Shimoyama N, Miyashita K. Anticancer effects of fucoxanthin and fucoxanthinol on colorectal cancer cell lines and colorectal cancer tissues. *Oncol. Let.* 2015; 10: 1463-1467.

16) Prabhasankar P, Ganesan P, Bhaskar N, Hirose A, Stephen N, Gowda LR, Hosokawa M, Miyashita K. Edible Japanese seaweed, Wakame (*Undaria pinnatifida*) as an ingredient in pasta: chemical, functional and structural evaluation. *Food Chem.* 2009; 115: 501-508.

17) Sugimura R, Suda M, Sho A, Takahashi T, Sashima T, Abe M, Hosokawa M, Miyashita K. Stability of fucoxanthin in dried *Undaria pinnatifida* (Wakame) and baked products (scone) containing Wakame powder. *Food Sci. Technol. Res.* 2012; 18: 687-693.

III. 新たな品質保持・加工技術

7章 高度冷凍技術を用いた東北地区水産資源の高付加価値推進

鈴木 徹[*]

§1. 目的と特徴

東北沿岸地域の新たな形態の水産業創成につながる産業基盤の構築を目指し，これまでにないレベルの品質を最終消費者に届けるための生鮮凍結水産品の生産供給技術の開発，およびそれらを用いた加工品技術の開発を行った．従来，冷凍水産物は未凍結生鮮品，いわゆる"生もの"に比べ価値の低いものとして扱われてきた．しかしながら，ここで提案する高度化した生鮮凍結水産品の供給技術は，その価値観の払拭のための第一歩となる．

もとより冷凍技術とは原料前処理，凍結，貯蔵，解凍調理の各要素技術と，それらを組み合わせたシステムとして機能するものである．高度な冷凍技術（図7·1）とは，各要素技術の深化と，それらの最適システム化による最終末端での最高品質の供給を可能とする技術である．またそれらを実現するためには，客観的評価によるフィードバックが必要とされる．高度化された冷凍技術は魚貝類の価格変動吸収，海外を含めた流通市場域の拡大を可能とする．また，それは，盛漁時期における余剰魚貝類資源や未利用水産資源の利用化促進にもつながる可能性もある．

水産物の冷凍技術研究では要素技術研究開発が従来からくり返し行われてきたが，上記観点，すなわちシステム化の観点のもとで水産物の冷凍技術の高度化に取り組んだ事例は皆無であった．本研究事業では，豊かな水産資源をもち，水産業のゼロからのスタートを図ろうとしつつある東北沿岸地域において，はじめて，かかるシステム化された高度冷凍技術の開発と導入を試みた．しかし

---

[*] 東京海洋大学学術研究院食品生産科学部門

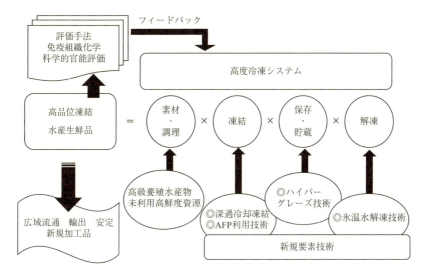

図7·1　高度化された冷凍システム技術の概念図

ながら，くり返し行われてきた技術開発の真の実用化，定着化による産業化のためには，生産・加工業のみならず流通業，最終消費末端の間の情報伝播，価値観の共有が必要となる．すなわち技術開発はマーケティングと相補的に進行しなければ科学技術は技術者・研究者の自己満足に過ぎない．本研究課題の別な側面からの特徴は，それらを克服することを目的として，東北地域の漁業者，流通加工事業者，装置産業事業者それぞれの，ニーズのマッチングを満たす冷凍システム技術開発を行った点である．

§2．研究構成と全体像

本課題は多方面からのアプローチが必要であるため東京海洋大学を主とし，農研機構食品総合研究所，青森県産業技術センター食品総合研究所（八戸）と共同で小課題を分担し，取り組んだ．大きく分けて2つの大課題（1）「生鮮魚貝類を対象とした新規冷凍システムによる高級刺身商材の開発」，（2）「水産加工品および未利用資源を対象とした新規冷凍技術開発による新商材の開発事業化」に絞って研究開発を推進した．その概要を表7·1に示す．

課題（1）のうち，1-1）では生鮮貝類（殻付のカキ，アワビ，アカガイ）大

表7·1　高度冷凍技術を用いた東北地区水産資源の高付加価値推進事業の概要

（1）生鮮魚貝類を対象とした新規冷凍システムによる高級刺身商材の開発
1-1）生鮮貝類の高度冷凍システムの確立と試作販売
1-2）生鮮貝類の高圧処理＋冷凍による新規革新技術開発
1-3）高鮮度冷凍サバ刺身用冷凍商品の供給技術の開発と冷凍耐性試験および試験的流通販売
（2）水産加工品および未利用資源を対象とした新規冷凍技術開発による新商材の開発事業化
2-1）電子レンジ解凍用冷凍にぎり寿司の開発事業化
2-2）かまぼこの冷凍保管技術の開発
2-3）未利用水産資源からの凍結阻害タンパク質 AFP の探索と単離応用化
2-4）高鮮度冷凍原料を用いた未加熱ねり製品，新規加工品の開発

温度差＋過冷却凍結法による高品位凍結と，最適な貯蔵，解凍のシステム化を行った．大温度差凍結とは－60℃以下の超低温空気を用いて凍結する手法のことであり，過冷却凍結法とは雰囲気温度を0℃以下の温度域に至ってから1℃程度ずつ下降させ，品温を均温化させながら品物を過冷却にもたらしたうえで凍結する手法のことである．これによって氷結晶の微細化，均質化がもたらされる．また，過冷却解消後－60℃雰囲気の大温度差凍結に切り替え急速に深温凍結を施す仕組みである．殻付カキでは，従来の－40℃程度のエアブラスト方式による高風速凍結では殻による熱伝達の抵抗が大きく急速凍結が困難とされていたところを上記手法で解決することを試みた．とくに殻付冷凍カキに関しては現地漁協，加工組合，および民間流通業者の協力を得て最適供給技術を確立し，試験販売に至った．また1-2）では簡易開殻冷凍カキ製品開発を行った．殻付カキの開殻は末端で労力を要するため，簡易に殻を開けられる生食用冷凍製品の開発をめざして，カキの開殻の冷凍条件と加圧条件の詳細を検討したが実用化に至らなかった．1-3）では青森県八戸地区における高鮮度サバの冷凍供給技術の開発を行い試販売に至った．その過程でアニサキスの冷凍殺滅条件を明らかにし，冷凍による安全性担保といった新たな付加価値付与を実現した[1, 2]．

　課題（2）においては，2-1）新規電子レンジ解凍技術を取り入れた冷凍にぎり寿司の開発に成功した．すなわち，冷凍状態の具材部（ネタ）と一体化したにぎり寿司を短時間でにぎりたてのようにネタ部分は低い温度に維持しつつ，米飯部（シャリ）は白蝋化を解消し，温かくすることが可能となった．また2-2）デンプンなどの少ないかまぼこの冷凍長期保管流通を目指した研究を行っ

た．また，これには 2-3) タラ残渣に見出された AFP（氷結晶成長抑制タンパク質）様活性物質の利用も検討したが，顕著な効果は認められなかった．一方でかまぼこに対する魚油の乳化が凍結耐性の向上に有効であることが明らかになった．2-4) では，高鮮度冷凍によるツノナシオキアミ原料による新規かまぼこねり製品の開発，産業化を図り，岩手県宮古市の民間業者に技術移転を行い商品化（オキアミート）に成功した．以下，上記の中から，いくつかの成果をピックアップして紹介する．

§3. 殻付生食用冷凍カキの開発

　生食用貝類，とくに高値で取引されるアワビ，アカガイ，カキなどは生産の季節性，気象条件による制約，鮮度保持期間が短期であることから安定供給が困難であった．そのため流通が限定され生産規模の拡大が難しい水産物であった．本研究では，システム化冷凍技術により生食用貝類の流通供給技術の確立を図った．本節では，東北地域のマガキについての開発事例を解説する．これまで東北地方のマガキは生産出荷時期が限定され，5 月以降 11 月までの間カキ生産出荷は行われなかった．価格も 12 月のピークを超えると，ピーク時の1/3 以下に降下する．しかし，3 月〜5 月上旬のマガキは産卵に向かって栄養分を多量に蓄えるため，身入りがしっかりとしており美味である．生産者はこのような情報をもちつつも，既存の市場・流通とのマッチングに苦慮していた．技術的に安価で美味な 5 月のマガキを生食用として凍結し保管，流通供給を可能とするために，前処理・凍結・保管・解凍一連のシステムとして妥当な技術の選定・開発を行った．

　凍結プロセスでは急速凍結が基本であるが，殻付マガキにおいては，殻が伝熱障害となる．これを克服するには理論的に過冷却凍結後，− 60℃ 以下の雰囲気の大温度差急速凍結法を用いるのが有効である．図 7·2 に殻付マガキの凍結法によるドリップ流出量の差を示す．過冷却＋大温度差凍結ではドリップ流出が従前の凍結法に比べ少なくなっていることがわかった．この凍結法を基本にしてグレーズなど貯蔵条件の検討，氷温水解凍を組み合わせたシステムを構築した．この知見をもとに岩手県宮古市，および宮城県志津川の殻付マガキを現地加工業者，漁協のほか，大手流通業者の協力を得て，2015 年 5 月に現

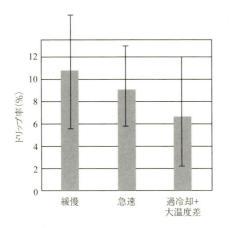

図 7·2　殻付マガキの凍結法によるドリップ流出
　　　　量の相違（未発表データ）
　　　　緩慢：− 10℃インキュベータ内，急速：
　　　　− 40℃エアブラスト，過冷却 + 大温度
　　　　差：プログラムフリーザーにて過冷却を
　　　　解消後 − 70℃に雰囲気降下．試験試料数
　　　　n=4 で，エラーバーは SD を表す．

地にて 3 千個製造した．この殻付冷凍カキを同年 7 月六本木ヒルズマルシェはじめ，シーフードショー（東京：同年 8 月，大阪：翌 16 年 2 月）などの展示会において試食用に展示し，市場の調査を行った．それらの結果をもとに，志津川，宮古市における殻付冷凍カキの事業化試算を行い，技術移転の検討を行った．その結果，十分な事業化の見通しが得られた．また，協力流通企業では，タイ，台湾，シンガポールとの取引先にサンプルの提供，試食を経て商取引交渉段階にある．さらに，副次的な発見として，カキを凍結し，貯蔵期間を経て，0℃雰囲気下で解凍時間を長くした場合，遊離アミノ酸のうちアラニン含有量が 10 倍以上（300 mg/g 以上）増加する場合があることが見出された[3]（図 7·3）．アラニンは甘

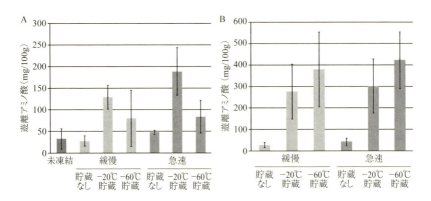

図 7·3　凍結・貯蔵・解凍条件によるアラニン含量の変化
　　　　A：0℃の水中にて解凍，B：0℃の空気中にて解凍．試験試料数 n=4 で，エラーバーは
　　　　SD を表す．

みを呈するアミノ酸の一種で，冷凍処理によって甘みが増強される可能性が示唆され，実用化における訴求情報が得られた．

§4. 八戸産沖サバ生食用高鮮度冷凍供給技術開発

八戸沖で漁獲される脂肪分の高いブランドである沖サバを高品質刺身用冷凍品として流通供給するための最適冷凍システムの開発を行った．試験として，まず定置網，一本釣りで漁獲されたサバをラウンドのまま凍結速度の異なる凍結方法（−30℃エタノールブライン／−45℃エアブラスト）で凍結，2ヶ月間異なる温度（−20℃／−60℃）で貯蔵，同一氷温水解凍後，官能評価を行った．その結果，凍結方法は大きく影響しないものの，色調外観が−20℃貯蔵では劣化し，−60℃貯蔵では大きな変化がなく，マグロ類と同じく−60℃貯蔵が必要であることがわかった．その他，フィレー真空包装形態における保管試験[4]，解凍試験[5]などを経て，最終的に実用上，下記プロセスであれば高品質刺身用サバを提供可能であることがわかった．そこで，定置網で漁獲されたサバを次の手法「船上で脱血処理⇒加工業者でフィレーに加工後真空包装⇒−45℃エアブラスト凍結⇒−60℃で保管⇒出庫後店舗にて−20℃短期保管⇒氷温解凍」による提供試験を行った．すなわち刺身用冷凍沖サバを2015年11月20日〜12月25日の1ヶ月間，八戸市内の飲食店2店舗にて試

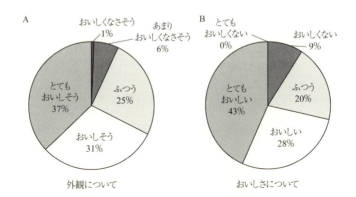

図7·4　試し販売時のアンケート結果（127人の回答を集計）
A：外観について，B：おいしさについて.

験販売した．顧客対象のアンケートの結果7割が「とてもおいしい」もしく
は「おいしい」と回答し好評を得た（図7・4）．

　一方，サバにはアニサキス亜科線虫の3段階目の幼虫（L3幼虫）が寄生し
ていることがあり，生食は食中毒の危険性がある．そのため非加熱でのアニサ
キスを死滅させる方法として冷凍（−20℃24時間維持）が知られている．本
事業の重要な課題の1つとして，寄生虫アニサキスを含む生食用水産物の安
全性訴求のため，アニサキスの冷凍殺滅条件をアニサキス単体，ゲル内埋め込
みモデル実験，および魚体埋め込み試験を行い，短時間であってもアニサキス
自体を凍結させることで殺滅が可能であることが裏付けられた[1, 2]．この結果
は，これまで魚類のアニサキス殺滅の要件とされていた−20℃24時間維持の
必要性が必ずしもなく，短時間で死滅させることも可能であることを明確にし
た．これによって本課題で提案された冷凍プロセスで提供される刺身用冷凍サ
バはアニサキス危害がないことを示した．

§5．冷凍にぎり寿司の電子レンジ解凍[6]

　水産冷凍加工品の解凍技術開発の一環として「電子レンジにて短時間解凍で
き，かつ，にぎりたてと同等な高品質にぎり寿司を提供可能とする技術開発」
を行った．はじめに，"にぎりたて"の定義，すなわち温度条件に着目し，
シャリとネタの各々の最適嗜好温度の決定を官能的評点評価手法により調べ，目標温度を設定した（図7・5，表7・2）．にぎり寿司（米飯18〜20 g，サーモン12〜13 g）1カンを急速凍結後，−20℃に一旦保管し，電子レンジ加熱により目標値に到達し得る条件を見出した．すなわち1000 W出力，下部にマイクロ波が集中する仕様の市販業務用電子レンジ

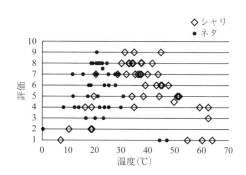

図7・5　官能評価によるにぎり寿司（サーモン）のネタ
　　　　（具材部）とシャリ（米飯部）の温度による嗜
　　　　好評価の分布
　　　　それぞれ部位によって嗜好の温度帯が異なるこ
　　　　とがわかる．

を用いて照射時間を 17 ～ 19 秒に設
定し照射することで，図 7·6 のよう
にネタが 0℃ 近傍でありながらシャリ
が 60 ～ 70℃ に昇温する．これを，数
分放置して均温化することでにぎり寿

表 7·2　にぎり寿司の温度嗜好の結果
解凍の目標設定結果.

	ネタ	シャリ
評価が 8 以上	18.8 ～ 24.7℃	30.2 ～ 44.9℃
評価が 5 以上	11.8 ～ 30.9℃	19.8 ～ 51.2℃

司の目標温度に達することがわかった．シャリは凍結状態から喫食適温まで温
度を上昇させただけでは白蝋化といった劣化現象が生ずる．そのためシャリに
白蝋化抑制剤を添加する手法が利用されてきた．本開発技術ではそういった添
加物を使わず，ネタの温度上昇を抑えつつ，シャリを一旦 70℃ 近くに加熱す
ることで白蝋化を解消し凍結前の食感を完全に復元させることに成功した．本
技術は冷凍システムのうちの解凍に注力した技術であり，にぎり寿司の冷凍商
品化に寄与する技術である．事業化に進みつつあるが，東北地域におけるサケ
と米を用いた新しい冷凍にぎり寿司生産事業に発展することが期待される．

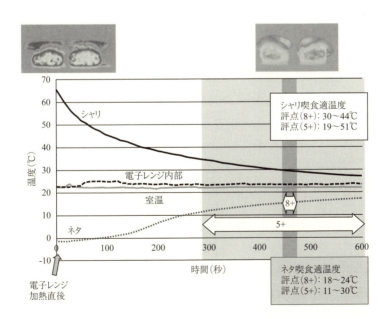

図 7·6　電子レンジ加熱後放置時間による喫食最適温度への均温化

§6. かまぼこの冷凍保管技術の開発

ねり製品は凍結状態で流通するものも多いが，一般的に凍結によりドリップが生じやすく，凍結に不向きな加工品とされている．しかし，かまぼこ類の凍結に関する研究は少なく，不明な点が多く残されていた．このため，とくにデンプンを含まない板付きかまぼこや笹かまぼこなどの冷凍流通は困難であった．

そこで，凍結によるねり製品の品質劣化に関与する要因の解明に向けた研究が行われ，ゲル化の加熱条件，凍結速度，冷凍保管温度，デンプンの種類などの影響が複雑に関与していることが明らかになった．また，種々の試みの中で魚油を乳化混合したねり製品では，対照区よりも白度が高まり，凍結後に生成する氷結晶サイズが小さくドリップも少なくなることが見出された[7]（図7·7，

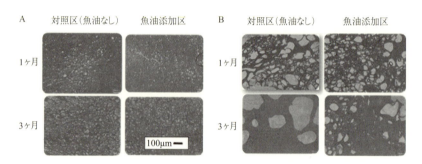

図7·7　魚油を乳化混合したすり身加熱ゲルの氷結晶の顕微鏡観察図
A：急速凍結，B：緩慢凍結．

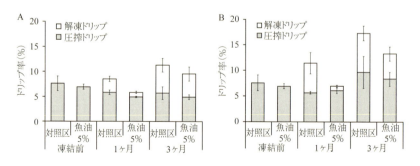

図7·8　魚油を乳化混合したすり身加熱ゲルの凍結解凍後の保水性
A：急速凍結，B：緩慢凍結．

7・8）．この知見をもとに，宮城県塩竈市の企業の協力を得て，魚油を乳化した笹かまぼこを工場の製造ラインで試作し，魚油による健康機能性付与のみならず，食感や色調，凍結耐性も向上することを確認した．

§7．高鮮度冷凍原料を用いた未加熱ねり製品の開発

高鮮度に保ったツノナシオキアミ冷凍原料からタンパク質回収法を模索する中で8, 9），ツノナシオキアミ肉ホモジネートを中性に保ったまま塩化ナトリウムで溶解し，遠心分離して殻や眼球などのタンパク質以外のものを沈殿させた後，希釈することによりタンパク質を不溶化させて沈殿としてタンパク質を得る方法を検討した．その結果，水産ねり製品原料として高い可能性を有するタンパク質を回収することができた．また，宮古水産物商業協同組合の「ツノナシオキアミ蒲鉾」の技術支援を行い，2014 年度末には商品化に成功した．

その他，未利用水産資源からの AFP の探索と単離応用化については 2017 年発刊予定の水産学シリーズ「水産物の先進的な冷凍流通技術と品質制御－高品質水産物のグローバル流通を可能に－」10）に詳細を記すため割愛する．

以上，東北地区水産業の新形態産業化の基盤となる数多くの技術確立の成果が見られた．これらの成果は，惜しみない協力をいただいた宮城県漁協志津川支所，宮古市水産物商業協同組合，丸友しまか（有），鴻池運輸（株），中山エンジニアリング（株），八戸市の関連業者の皆様ほか本書であげきれない各位のおかげである．ここに心より感謝の意を表する．何よりも本事業によって研究者と生産現場，民間事業者との間にこれまでなかった人的交流が生まれ，育ったことが何よりの成果であったと考える．

文　献

1) 竹内 萌，松原 久，高橋 匡，小坂善信，工藤謙一，渡辺 学，鈴木 徹．アニサキス亜科 L3 幼虫の生存に与える凍結の影響．日本冷凍空調学会論文集 2015; 32: 199-205.

2) 竹内 萌．6 章 冷凍による寄生虫リスクの低減．「水産学シリーズ 186 水産物の先進的な冷凍流通技術と品質制御」（岡﨑恵美子，今野久仁彦，鈴木 徹編）恒星社厚生閣．印刷中．

3) Sopajitwatana T, Thanatuksorn P, 鈴木 徹．貝類冷凍による核酸関連物質及びアミノ酸の変化に関する研究．日本冷凍空調学会年次大会講演論文集 2015; B344.

4) 松原 久，竹内 萌，高橋 匡，小坂善信，工藤謙一，鈴木 徹．冷凍サバの物性に及ぼす品温および脂肪含有率の影響．日本冷

凍空調学会論文集 2015; 32: 51-55.

5) 竹内 萌, 木村 郷, 高橋 匡, 松原 久, 工藤 謙一. 船上で製造した高鮮度な冷凍サバ への解凍条件による影響. 日本冷凍空調 学会年次大会講演論文集 2013; 231-234.

6) 鈴木 徹, 水越智穂, 小道勇志. 冷凍にぎ り寿司のシャリの解凍条件に関する考察. 日本冷凍空調学会年次大会講演論文集 2015; B324.

7) Niu LQ, Huynh TTH, Jia R, Gao YP, Nakazawa N, Osako K, Okazaki E. Effects of emulsifying fish oil on the water-holding capacity and ice crystal formation of heat-induced surimi gel during frozen storage. *Food Sci.* 2016; 37(20): 293-298.

8) Sun LC, Chen YL, Zhong C, Okazaki E, Cao MJ, Weng W, Osako K. Autolysis of krill protein from North Pacific krill *Euphausia pacifica* during protein recovery via isoelectric solubilization/precipitation. *Fish. Sci.* 2014; 80(4): 839-847.

9) Sun LC, Kaneko K, Okazaki E, Cao MJ, Ohwaki H, Weng WY, Osako K. Comparative study of proteins recovered from whole North Pacific krill *Euphausia pacifica* by acidic and alkaline treatment during isoelectric solubilization/precipitation. *Fish. Sci.* 2013; 79: 537-546.

10) 萩原知明. 7章 §1. 不凍タンパク質の活 用.「水産学シリーズ 186 水産物の先進的 な冷凍流通技術と品質制御」(岡﨑惠美子, 今野久仁彦, 鈴木 徹編) 恒星社厚生閣. 印刷中.

8章　電磁波を水産物加工に用いた新規食品製造技術開発

佐 藤 　實*

　6年前の東日本大震災では，地震の揺れに続く津波でとくに，岩手県，宮城県および福島県の沿岸部が大きな被害を受けた．沿岸部の主要産業は漁業，水産業であり，中でも地域の大きな雇用の場になっていた水産加工業が壊滅的な被害を受け，その復旧に時間がかかり，街の復興にも遅れが生じている．被災地水産加工業の復旧が遅れている理由には，災害に強い土地作りに時間がかかったことや人手不足のほかに，販路の喪失も挙げられている．生産が停止した間に失った販路は，他産地企業の製品で補填されており，生産を再開できたとしても，震災以前の製品と同じもので取り戻すのは困難ともいえることから，新たな技術を導入し，従来にない製品を提案して回復する必要がある[1]．本研究は，電磁波を利用する新たな水産加工技術開発に挑んだもので，得られた魚骨脆弱化技術，迅速均一解凍技術およびマイルド殺菌技術は，いずれも水産加工業の現場が長年待ち望んでいた加工技術であり，被災地水産加工業の復興に役立つものと考える[2]．

§1.　魚骨脆弱化技術

　魚がもつ健康機能性などで世界的に魚食が伸びる中，わが国では若い世代を中心に，魚離れが進んでいる[3]．魚を嫌う理由は，調理がわからない，ごみが出るなどのほか魚骨の存在が挙げられている．のどに刺さると恐れられること，除去することが面倒とされること，時には異物として食品苦情が寄せられることなど，魚骨は大きな問題になっている．その対策として，魚骨を人手により取り除く"骨なし魚"が大きな流れになっている．骨抜き工程を省略し丸ごと魚を食することができれば，鮮度・品質の低下や食味の劣化の抑制，ごみ・廃棄物の削減，コスト縮減などに加え，骨ごと魚を食することでカルシウム摂取

* 東北大学大学院農学研究科

を増やし，わが国で危惧されている高齢女性の骨粗しょう症の防止など国民の健康維持増進が期待される[4-6]．

1・1　現在利用されている魚骨脆弱化法と問題点

1）伝統的手法（煮込み，焙焼，油ちょう，酢漬け）[7, 8]

わが国では，伝統的調理法で魚骨を脆弱化しているものもある．例えば，魚を長時間煮込む，梅酢とともに煮込む，焦げないように骨を焼く，低温油で二度揚げする，食酢に漬け込むなどの調理で魚骨まで食することができるようになる．高温での脆弱化は魚骨を構成する硬タンパク質が可溶性のゼラチンになり無機質を沈着させている支持体がゆるむためとされる．一方，酸処理による脆弱化は骨のカルシウムが溶出する脱灰によるとされる．これらの伝統的な調理法による魚骨の脆弱化には，長時間の調理，煩雑な調理，調理可能な魚種が限られるなどの問題がある．

2）高温高圧処理[6, 9]

魚骨は高温高圧処理（オートクレーブ，缶詰，レトルト，圧力釜）で完全に脆弱化し食することができるようになる．ただし，この処理方法では，筋肉組織の変性が著しく，かつ魚肉も魚骨も区別がつかない食感（テクスチャー）になること，魚肉の食感が魚種によらず同じように感じられること，高温高圧処理による独特の臭い（レトルト臭）の発生が問題になる．可能性としては，高温高圧処理より温和な処理をすることで，骨はある程度脆弱化し，噛めるようになる．ただし，この処理では完全殺菌にはなっていないので，チルド流通が求められる．

3）超高圧処理[9]

超高圧環境下でタンパク質が変性することが知られており，この技術で魚骨硬タンパク質を変性させ可食化が検討されている．具体的には，骨付き魚肉を最大 7000 kgf/cm^2（686 MPa）で 30 分間加圧して，その効果を調べている．しかし，この方法では魚骨の破断荷重（破壊するのに必要な負荷）の減少はわずかであり，可食化は困難とされた．

4）マイクロ波照射

加地ら[5]はサバなどの骨付き魚肉を，液体窒素で凍結後にドライアイスで冷却しながら 2450 MHz のマイクロ波で照射を行うことで魚骨の脆弱化を試みて

いる．この方法で，魚骨は破断荷重が減少するとともに，歪率（骨のしなやか
さ）も低減し，脆弱化が進み魚骨の可食化が可能になるとしている．この技術
を利用することで，魚骨が"のどに刺さる"危険性を回避することができ，子
ども（学校給食）や高齢者（介護食）などを対象に骨付き魚の利用拡大が期待
されるとしている．しかし，この方法での魚骨脆弱化はランニングコストに加
え，処理工程と処理時間などを考慮すると実用化は困難と考えられる．

1・2　骨なし魚

骨なし魚の製造・流通の概略は，原料冷凍魚を中国や東南アジア諸国などに
送り，解凍後魚を開いて手作業で魚骨を抜き，再度凍結して日本にもち込み，
冷凍状態または解凍して加工し，販売する．この間，手作業による食品汚染防
止のため次亜塩素酸などによる消毒工程や卵白や酵素（トランスグルタミナー
ゼ）による接着工程が含まれることもある（図8・1）．このように凍結と解凍
のくり返し，開きや接着，消毒工程などが含まれており，原料魚の鮮度・品質
低下に加え，食味の劣化も危惧される．

1・3　電磁波照射による魚骨脆弱化技術[2, 10]

ユネスコの世界無形文化遺産に指定された和食に魚は欠かせない．魚離れが
進む日本には日本食が幻になりかねないと危機感が感じられる．魚離れの原因
の中心に魚骨があるとされる今，その可食化は喫緊の課題と考えた筆者らは，
身は身，骨は骨の物性が区別できてなおかつ骨をさほど苦労せず食するように
できる技術が必要と考え研究に取り掛かった．

筆者らが試したのは，リン酸を含むATP
などの核酸関連化合物の解析に用いる
^{31}P-NMRスペクトルで利用する162 MHzの
電磁波（高周波）である．^{31}P-NMRでは，
162 MHz電磁波でリン原子を励起し，その
強度，緩和速度などからリン化合物の構造解
析情報を得ているが，162 MHzの電磁波を
用いることによって魚骨に含まれるリン酸カ
ルシウムまたはその関連物質を励起，構造変
化させ，脆弱化できないかと考えた．以下に，

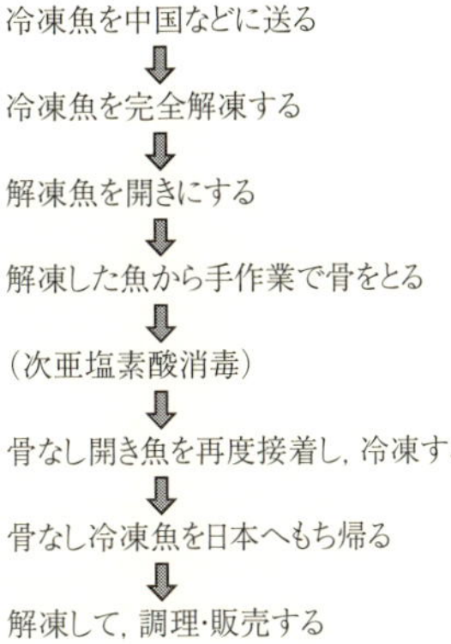

冷凍魚を中国などに送る
⬇
冷凍魚を完全解凍する
⬇
解凍魚を開きにする
⬇
解凍した魚から手作業で骨をとる
⬇
（次亜塩素酸消毒）
⬇
骨なし開き魚を再度接着し，冷凍する
⬇
骨なし冷凍魚を日本へもち帰る
⬇
解凍して，調理・販売する

図8・1　骨なし魚の製造法

魚骨強度の測定法，162 MHz 電磁波の照射効果を紹介する．

1）魚骨への電磁波照射法と魚骨の物性解析

電磁波照射法

電磁波照射装置と周波数：電磁波照射装置（山本ビニター（株），FHSUT-1，FRHT-02）を用い，周波数 162 MHz，出力は 50 W および 100 W で，室温で照射を行った．

レオメーターによる魚骨強度の測定

電磁波照射による魚骨強度の変化を，脊椎骨（中骨）についてレオメーター（山電（株））で破断荷重と歪率を測定した．魚骨の強度は脊椎骨接合部を破砕する方法（A）と脊椎骨中心部を破砕する方法（B）で測定したが，ここでは脊椎骨中心部を破砕する際の破断荷重と歪率を中心に述べる（図8・2）．

2）脊椎骨への電磁波照射効果

サンマから脊椎骨（中骨）を取り出し，162 MHz の電磁波を 50 W で 20 分間照射した．引き続き，脊椎骨を頭部から尾部に向け，3 個ごとにカッターナイフの背を用いて切断する際の破断荷重をレオメーターで測定した（図8・3）．頭部から魚体中央部の脊椎骨は 162 MHz 照射で破断強度が低下しており，電磁波照射だけで脆弱化が進むことが認められた．逆に，尾部付近の脊椎骨は照射により破断強度が上昇した．

魚骨脆弱化のメカニズムは今後の詳細な研究を待つことになるが，電磁波照射で魚骨水分が8％ほど減少することを認めたが，電磁波を照射することなく魚骨水分を乾燥器で8％低下させた魚骨では，電磁波照射で起きたような脆弱化は認められなかったことより，電磁波照射による魚骨の脆弱化は単純な乾燥効果によるものではないといえよう．

サンマ脊椎骨に 162 MHz 電磁波を 100 W で 10 分および 20 分

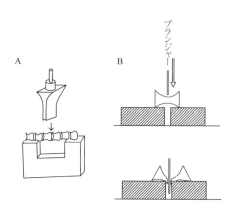

図8・2　魚骨の強度測定に用いた破断方法

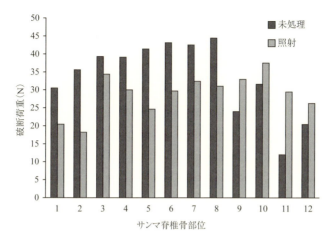

図 8·3　電磁波照射によるサンマ脊椎骨強度変化
電磁波照射：162MHz，50W，20 分.
1 番の方向が頭部．脊椎骨 3 個ずつを 1 セット（部位）として測定.

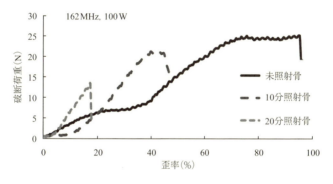

図 8·4　電磁波照射時間とサンマ骨強度の関係

間照射した際の脊椎骨破断曲線を図 8·4 に示した．照射時間が長くなるにつれ，破断荷重が低下するとともに，歪率も減少することが認められ，脆弱化が進行することが認められた.

3）サンマ開き干しへの照射効果

　ここでは身付きの魚骨への電磁波照射効果を明らかにする目的で，サンマ開き干しに 162 MHz および 2450 MHz 電磁波を 100 W，10 分間照射した後の魚

肉表面温度，重量変化ならびに魚骨に及ぼす影響を調べた.

　サンマ開き干しは 2450 MHz 電磁波照射で魚肉温度が 100℃ を超し，完全に焼けた状態になったのに対し，162 MHz 電磁波照射では最高温度で 42℃ とわずかな温度上昇にとどまり，ほとんど生のままであった．162 MHz 照射での重量変化はわずか 2% 程度の減少で，魚骨のみへの照射で 8% 程度の減少を示したのと大きく異なった．このように，サンマ開き干しでは 162 MHz 電磁波照射処理によって温度も重量も大きな変化を示さなかったが，図 8・3 に示したように頭部から魚体中央部の脊椎骨では同条件での電磁波照射により脆弱化が認められたことから，この効果は非熱効果といえよう.

　サンマ開き干しでは，162 MHz 電磁波照射後も生状態であったことから，引き続き，オーブン（240℃）で 5 分間焙焼して状態変化を調べた．これと対比すべく，はじめにオーブンで焙焼した後，162 MHz 電磁波を照射することで，身付き魚骨への照射効果を調べた．結果を図 8・5 に示す.

　サンマ開き干しへの電磁波照射による脊椎骨は，162 MHz 電磁波照射することで未照射生骨より破断強度が低下する一方，引き続きオーブン焙焼することで破断強度がさらに大きく低下することが認められた．この段階では，サンマ中骨は苦にすることなく噛み砕き，食することができるのが確認された．しかし，逆にオーブン焙焼後に電磁波照射したサンマ脊椎骨はその破断強度が上昇し，食することが困難になることが認められた.

　電磁波照射による魚骨の脆弱化のメカニズムについては，魚骨の無機成分の変化，それを取り囲む硬タンパク質の変化の他に，食品の物性にかかわる水分，とくに魚骨組織に強固に結合する結合水の変化によるもなど様々な要因が考えられるが，詳細は今後の研究を待ちたい.

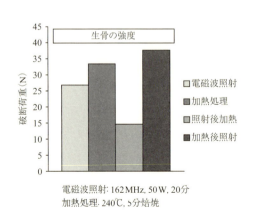

電磁波照射: 162MHz, 50 W, 20分
加熱処理: 240℃, 5分焙焼

図 8・5　種々の加工処理によるサンマ魚骨（図 8・3 の部位 5）の強度変化

§2. 迅速均一解凍技術[2, 11]

冷凍保存技術は，農水産物や加工食品の鮮度や品質を保ちながら長期保存を可能にする，現代社会に欠かせない技術である．冷凍品を利用するには解凍工程を伴い，冷凍と解凍は表裏一体であるが，冷凍技術については様々な方法が提案されているものの，解凍技術の研究は大きく遅れている．現在利用されている解凍法には，図8·6に示すように外部から熱を加えて解凍する外部加熱法と電子レンジなどのように冷凍物内部も同時に発熱して解凍する内部加熱法がある[12]．しかし，現在利用されている解凍法は，長い解凍所要時間，解凍ムラ（表面と内部の温度ムラ），部分煮え（焼け），組織軟化（物性変化），ドリップ発生，変色（ミオグロビンメト化），解凍硬直，魚卵や寿司の解凍が困難であることなど，様々な問題があり，可能であれば，種々の冷凍品に対応できる新たな迅速・均一解凍技術が求められている[13]．

2·1 様々な水産物の解凍例

冷凍水産物は種類も形状も，調理の仕方も様々で，その解凍には様々な問題を抱え，対象ごとに独自の解凍方法が求められる可能性がある．ここでは，いくつかの代表的な冷凍水産物を例に，電磁波解凍法の実施例を述べる．

1）マグロ

マグロを外部加熱法で解凍すると，解凍時間の長さ，変色とドリップなどが問題になり，内部加熱法で解凍すると解凍ムラや部分煮えなどが問題となる．

冷凍物を自然解凍すると，冷凍保存温度（例えば−50℃）から氷結晶生成帯下部の−5℃まで急激な温度上昇を示す部分（A帯とする），−5〜−2℃まで（氷結晶生成帯）を緩やかな温度変化を示す部分（B帯とする），−2℃付近から室温もしくは加温温度まで上昇する部分（C帯とする）の3つの部分から成る（図8·7）．

冷凍メバチブロック（5 cm × 5 cm ×厚さ4 cm，約95 g，−80℃保管）を室温（24℃）自然解凍および電磁波（100 MHz，80 W）解凍した場合の表層部（表面下5 mm）と中心部（表面下2

1. 自然解凍（室温，冷蔵庫）
2. 流水解凍
3. 氷水解凍 ⎫ 外部加熱法
4. 加熱水蒸気解凍
5. マイクロ波解凍 ·························· 内部加熱法
　　電子レンジ 2450 MHz
　　業務用解凍機 13 MHz，26 MHz

図8·6　現在利用されている解凍法

cm）の温度変化を図8・8に示した．自然解凍ではA帯通過所要時間は表層部と中心部とも45分程度であるが，B帯通過所要時間は表層部が45分程度，中心部は70分程度と大きな開きが生じた[14]．自然解凍ではB帯通過に多大な時間を要することが，解凍に長時間を要する理由であることが判明した．これに対し，電磁波解凍ではA帯通過所要時間は表層部および中心部とも15分程度，

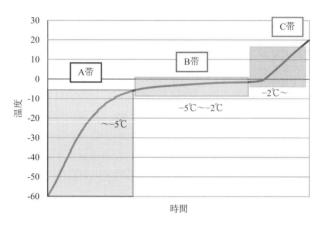

図8・7　冷凍品の解凍曲線

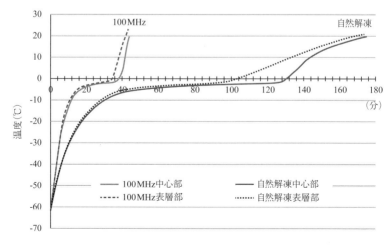

図8・8　冷凍マグロの自然解凍および100MHz電磁波解凍の解凍曲線

B 帯通過所要時間は表層部で 14 分，中心部で 16 分と，自然解凍に比較して非常に短時間で解凍が完了した.

　B 帯通過に外部加熱による解凍法（自然解凍など）がとくに時間を要するのは，熱伝導率が非常に小さい未凍結層（融解部分）が表層部分に生じるためで，解凍を早めようと外部から熱を加えようとしても断熱状態となり中心部に熱が到達しないことによるとされる[15]. この点，内部加熱による解凍が期待される電磁波解凍は，表層部の断熱作用を考慮する必要がなく，内部から外部まで均一に解凍が進むと考えられる.

　解凍メバチの色調に大きくかかわるミオグロビンのメト化率の変化を図 8·9 に示した. 冷蔵庫（4℃）保管した自然解凍品は 3 日後に表面が 37%，中心部が 48% と初日の 24% から大きく上昇し，9 日後には中心部がほぼ 100% に達し，品質劣化が著しかった. これに対し，電磁波解凍品は 3 日後には表層・中心部とも初期値に近似した 24 ～ 35%，9 日後でも 54 ～ 56% と，自然解凍品に比較し，ミオグロビンメト化が著しく抑えられ，品質が保持されることが認められた.

　高鮮度のマグロは解凍硬直が生じ，ドリップが発生することが多いが，今回用いたマグロでは，自然解凍品で 0.6 ～ 1.3% 程度，電磁波解凍品でも 0.05 ～ 0.1% と両者にわずかに差が認められたものの，全体的に少なかった. 鮮度指標 K 値の変化では，解凍直後の自然解凍品 24.6% と電磁波解凍品 25.3% に大きな差は認められなかったが，解凍品を引き続き冷蔵庫（4℃）で保管した自然解凍品は 5 日目には 43.5% へ，電磁波解凍品は 35.1% に上昇し，電磁波解

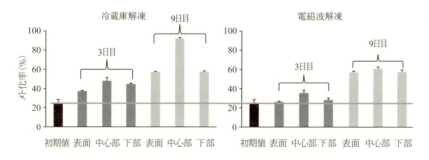

図 8·9　各解凍法で処理したメバチのメト化率経日変化

凍品の方が解凍後の品質劣化が抑制されているといえる.

　なお，異なる周波数（2450 MHz）を使用する家庭用電子レンジでの冷凍メバチブロック（5 cm × 5 cm ×厚さ4 cm, − 80℃保管）の解凍は，照射開始して間もなくメバチブロックの表面に焼けが発生する一方，中心部は凍結状態のままで，解凍はまったく進まなかった.

　まとめると，100 MHz 電磁波照射で解凍すると，冷凍マグロは短時間で表面・中心部まで均一に解凍が進み，ドリップ発生もなく，メト化も鮮度低下も自然解凍に比較して進行が非常に低く抑えられ，高品質な生マグロに戻せることが認められた.

2) クジラ

　クジラの解凍は解凍硬直が起き，多量のドリップが発生することが大きな問題になっている. 解凍硬直は新鮮な状態で，ATP（アデノシン‐三リン酸）を保持したまま冷凍されるために起こるとされ，冷凍前もしくは解凍前に ATP を消費させることが必要とされている[16].

　冷凍ニタリクジラ柵（12 cm × 4 cm ×厚み 1.5 cm, 重量約 80 〜 85 g, − 30℃保管）を用いて自然解凍（25℃室温, 4℃冷蔵庫）および電磁波解凍（100 MHz, 150 W）を行った.

　室温自然解凍では，4 時間程度で解凍したが，クジラ肉は大きくねじれ，激しく縮む解凍硬直を呈し，多量（30％程度）のドリップが発生した. 冷蔵庫内解凍では解凍に 20 時間要した. ドリップは 11％程度に低下したが，クジラ肉は硬い状態であった. これに対し，電磁波解凍では 5 分で解凍し，ドリップは 1％程度とほとんど観察されず，解凍硬直も起きず，自然解凍と電磁波解凍できわめて大きな差異が認められた（図 8・10（口絵））[17].

　解凍硬直には筋肉組織内の ATP が深くかかわるとされる. ATP が残存していると激しい解凍硬直が起こることより，冷凍前もしくは解凍前に ATP を消耗させることが解凍硬直を防ぐ手段とされる. 冷蔵庫自然解凍品と電磁波解凍品の ATP 濃度を図 8・11 に示す. 自然解凍品には ATP はほとんど検出されないが，電磁波解凍品には多量の ATP が残存しており，従来の解凍硬直メカニズムを覆すことになった. 電子顕微鏡観察で，自然解凍品の組織は大きく損傷されているのに対し，電磁波解凍品の組織は整然と保たれているのが認められ

た．これを考慮すると，自然解凍品は組織破壊に伴って，筋小胞体からもれ出たカルシウムイオンとATPが相まって筋収縮を惹起させ，解凍硬直が進行するのに対し，電磁波解凍品では組織破壊がさほど起こらず，その結果，カルシウムイオンとATPの遭遇が少なく，筋収縮＝解凍硬直が起きなかった

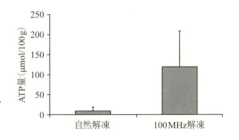

図 8・11　各解凍法による解凍直後のクジラ肉 ATP 濃度

と考えるが，詳細解明は今後の研究を待ちたい．

　解凍硬直のないクジラ肉は，生（刺身）および加熱品（竜田揚げ）でも解凍硬直を経た自然解凍クジラに比較し，生では舌触り，香り，旨さなどが，加工品では硬さ，旨さ，香りなどが明らかに優れているとの試食感想が寄せられた．ドリップのない電磁波解凍クジラは，食味が優れているだけでなく，重量ロスがなく，経済的損失がない点でも非常に優れているといえる．

3）サバ

　マグロなどは長方体の柵や，立方体に近いブロック状で冷凍流通されることが多いが，サバなどの小型の魚は紡錘形の尾頭付きのまま冷凍流通されることがしばしばで，解凍もその対応が求められる．

　電磁波解凍機は二枚の電極に冷凍品を挟んで通電照射することで，マグロ柵のような均一な厚みをもつ冷凍品の解凍には適しているものの，紡錘形魚は横置きにした場合，高さのある魚体中心部と頭部や尾部の両端部では厚みが大きく異なるので，不均一な解凍，部分焼けが生じることが危惧される．

　冷凍マサバ（体長 40 cm，体重 600 g，－30℃保管）一尾を電磁波解凍（500 W，10 ～ 15 分）した場合，魚体は頭部，尾部を含めて煮え（焼け）ることなく解凍した．この段階で，サバは包丁で切り分けられ，内臓は型崩れ，溶解することなくもとの形状を保ったまま解凍できた．

　加工原料魚は冷凍魚を使用することが多く，前夜から時間をかけて解凍されることがほとんどである．この結果，解凍原料魚は時間とともに品質低下が進み，加工品への影響も大きくなる．この点，電磁波解凍法ではオンタイム解凍

が可能で，解凍貯め置きがなく，高品質な解凍原料による高品質加工品製造が可能になると考える．

4）ウニ

　生ウニは型崩れが早く，保存しにくい水産物の1つとされる．対策の1つにミョウバン処理があるが，味の変化が指摘され，それに代わる保存法が求められている．冷凍ウニは通常加熱によるブランチングを行ってから凍結したものが流通しているが，このような処理を行わずに生のままの冷凍は，解凍後の溶けが激しく実用化は困難とされている．

　ミョウバン未使用の冷凍ウニを室温（30℃）自然解凍すると，解凍途中からウニ表面が溶け出し，ドリップが発生するのに対し，電磁波解凍では解凍後の型崩れ，溶けは著しく抑えられ，氷上貯蔵では解凍20時間でもウニの形状が保持できることが確認された．漁期が限られるウニを冷凍保存し，シーズンオフに出荷・流通できれば，漁業者にも消費者にも恩恵がもたらされると考える．電磁波解凍法は，ウニの他にも，従来家庭用電子レンジ（2450 MHz）では煮えなどの問題で迅速解凍が困難とされているイクラなどの魚卵も問題なく解凍できることを確認した．

5）寿司

　寿司（にぎり寿司）はシャリ（米飯部）とネタ（具材部）の異なる食材から構成されているため，冷凍寿司の解凍は困難とされ，これまで様々な試みがなされたが，成功例は少ない．冷凍寿司を自然解凍するとネタから出たドリップでシャリがビショビショに濡れ型崩れを起こすことがある．家庭用電子レンジ（2450 MHz）で解凍すると，シャリの中心部は冷たい状態ながらネタが煮えたりする．

　100 MHz 電磁波解凍では，シャリはひと肌程度に温かく，ネタはヒンヤリ状態に解凍が進む．シャリとネタの解凍曲線（図8・12）を確認すると，シャリの解凍がネタより先行し，それが引き続き温度上昇に結びつくことで，例えば照射9分で認められるような両者の好ましい温度差になると考える．世界無形文化遺産の和食の代表でもある寿司は世界的に認知され，今後世界的需要が見込まれる．迅速冷凍・電磁波解凍法で寿司をいつでもどこでも食べられる日が来るかと思われる．

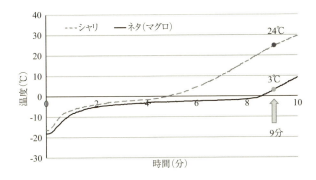

図 8・12　にぎり寿司 100 MHz 電磁波解凍時の温度変化

2・2　電磁波解凍技術を基軸におく新コールドチェーン

　冷凍保存技術は，農水産物や加工食品の鮮度や品質を保ちながら長期保存を可能にする，現代社会には欠かせない技術であるが，水産物の場合は大きな問題となっている寄生虫の殺処分ができることも利点であり，生食する場合は凍結工程を組み込むことが推奨されている．冷蔵輸送と冷凍輸送では，むしろ後者の方がエネルギー消費量が少なく，環境負荷の少ない輸送法であることが明らかになっている[18]．いろいろな面で優れている冷凍技術であるが，消費者や流通市場での評価は，冷凍品は生に劣る．この理由は，これまで優れた解凍技術がなく，せっかくの優れた冷凍品でも，解凍時に著しい品質劣化を起こすことが低い評価に結びついているといえる．

　これまで開発されている優れた冷凍技術に，ここで述べた電磁波解凍技術を組み合わせて構築される新コールドチェーンにより，水産物の鮮度や品質を保ったまま時間と距離を越えて流通させることが可能になることが期待される．

§3.　マイルド殺菌技術

　食品の完全殺菌技術は，§1. でも触れた高温高圧処理だけであるが，この方法では魚肉の食感，風味，色調などが大きく変化することが問題となる．この点，本稿で述べる電磁波照射によるマイルド殺菌技術は，食品加工品の本来の風味や食感を損ねることなく，殺菌効果が期待される新技術と期待される．

3・1　微生物の殺菌 [19, 20]

液体ブイヨン培地で培養した3種の微生物，大腸菌 *Escherichia coli*，ネズミチフス菌 *Salmonella typhimurium*，およびブドウ球菌 *Staphylococcus epidermidis* に，ある周波数（知財の関係で伏せる）の電磁波を100W，200秒照射すると，いずれの微生物も死滅する．菌液の温度は照射終了時に約60℃に達する温和な殺菌（マイルド殺菌）技術である．このマイルド殺菌では，菌液の温度による殺菌効果と，電磁波自体が菌に及ぼす影響の2つの効果が推察された．そこで，60℃加熱による殺菌効果を確かめるため，3種の微生物を60℃で200秒間浸漬したところ，温度による殺菌効果は認められなかった．このことから，電磁波自体が菌に何らかの影響を及ぼした可能性が示唆された．

3・2　マイルド殺菌が風味に及ぼす影響 [20]

醤油や味噌を使用した食材を高温高圧殺菌にかけると，色の変化（褐変）や風味の変化が問題になる．そのため，市販のレトルト食品や缶詰の場合，褐変や風味の変化が起きないように特別に醸造した醤油や味噌（もどき調味料）を用いるとされる [21]．

希釈した醤油および味噌懸濁液をオートクレーブ（120℃，15分）殺菌とマイルド殺菌にかけた場合の臭気成分を GC/MS で分析した場合のクロマトグラフを図8・13に示す．オートクレーブ処理すると特定の時間帯に数多くの成分ピークが著しく増えるのに対し，マイルド殺菌処理では未処理品の香りピークパターンとほとんど違いが見られない．このことは，マイルド殺菌では，食品の風味に変化が起きず，本来の味，香りが保たれることが確認された．

3・3　魚骨脆弱化した焼きサンマの日持ち向上

サンマ開きに 162 MHz 電磁波を照射した後，240℃のグリルで5分間焙焼したものを PP 積層構造カップ（大和製罐（株））に封入した後，マイルド殺菌処理したものを室温および冷蔵保存した．3週間後に開封し，臭気，色調，微生物コロニーを観察したところ，冷蔵庫保存品および室温保存品とも異常は認められなかった．ただ，製造当初に認められた魚骨の脆弱性は3日目以降消失することが認められた．骨ごと食べられる焼きサンマの長期流通には，戻りのメカニズム解明，より適切な電磁波照射法や周波数の探索などが必要と考える．

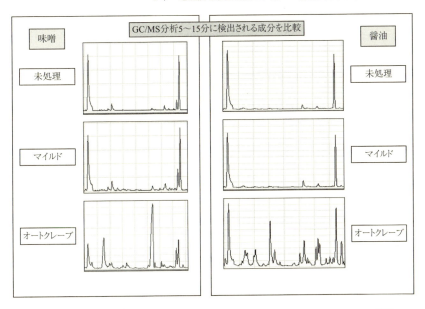

図 8·13　味噌および醤油の臭気成分に対するオートクレーブ殺菌とマイルド殺菌の影響

§4. 電磁波を用いる食品加工技術の展望

　われわれの身の回りで，食品加工・調理に用いられている電磁波として，家庭用電子レンジに用いられている 2450 MHz と業務用解凍機に用いられている 13.56 MHz および 27.12 MHz などが挙げられるが，それ以外の周波数の電磁波にここで述べた解凍効果，魚骨脆弱化効果，殺菌効果など様々な効果があることが明らかになった．これらの照射効果は，これまで水産業界，食品業界で待ち望まれている技術であり，今後，詳細を詰めて実用化することに期待が寄せられている．

文　献

1)　佐藤 実. 被災地水産加工業の復興状況と東北マリンサイエンス拠点形成事業（新産業創成）が果たす役割. 日水誌 2013; 79: 728-729.

2)　佐藤 実. 電磁波を用いた新たな水産加工技術. 四国マイクロプロセス研究会第 14 回フォーラム要旨集 2015; 2-5.

3)　竹田紗也子. 平成 28 年度水産白書の概要. 水産振興 2016; 50: 1-63.

4)　佐藤 実，飯塚 哲，根本政子. 魚骨の脆弱

化装置.日本国特許庁公開特許公報,公開日:平成16年9月24日,特開2004-261043（2004）.

5) 加地正人,朝日信吉,加藤俊作.マイクロ波照射による魚骨の軟化方法.日本国特許庁公開特許公報,公開日:平成24年10月25日,特開2012-205533（2012）.

6) 平岡芳信.魚骨の軟化技術.「水産食品の健康性機能」(山澤正勝,関 伸夫,奥田拓道,竹内昌昭,福家眞也編)恒星社厚生閣.2001; 230-246.

7) Shimosaka C, Shimomura M, Terai M. Changes in the physical properties and composition of fish bone during cooking by heating under normal pressure. *J. Home Econ. Jpn.* 1996; 47: 1213-1218.

8) 下坂智恵.魚骨の調理による軟化.日本調理科学会誌 2001; 34: 106-113.

9) 武山進一,大澤純也,遠山 良.魚加工品の魚骨軟化技術の検討.岩手県工業技術センター研究報告 2004; 37-41.

10) 佐藤 実.電磁波による魚骨脆弱化技術.「最新マイクロ波エネルギーと応用技術」(最新マイクロ波エネルギーと応用技術編集委員会編)（株）産業技術サービスセンター.2014; 761-765.

11) 佐藤 実,伊東親哉,倉島賢一郎,佐々木美智子,芝 頼彦,山口敏康,中野俊樹.電磁波照射による冷凍水産物の均一迅速解凍法.第8回日本電磁波エネルギー応用学会シンポジウム講演要旨集 2014; 92-93.

12) 露本英男.業務用高周波解凍機,マイクロ波解凍機について.コールドチェーン研究 1977; 3: 2-15.

13) 佐藤 實,山口敏康,中野俊樹.冷凍食品の解凍方法.特許出願番号 PCT/JP2014/

069802（2015）.

14) 佐藤 実,佐々木美智子,伊東親哉,倉島賢一郎,芝 頼彦,山口敏康,中野俊樹.電磁波を用いた水産物・加工品の迅速解凍法9 〜適正解凍周波数の探索〜.平成27年日本水産学会秋季大会講演要旨集 2015; No.819.

15) 鈴木 徹.最近の食品冷凍技術について.冷凍食品技術研究 2007; 76: 1-15.

16) 村田裕子,荻原光仁,舟橋 均,上野久美子,岡﨑惠美子,木村郁夫,福田 裕.高鮮度冷凍クジラ肉の解凍方法の開発.水産技術 2008; 1: 37-41.

17) 伊東親哉,佐々木美智子,倉島賢一郎,芝頼彦,佐藤 実,山口敏康,中野俊樹.電磁波を用いた水産物・加工品の迅速解凍法5 〜冷凍クジラ肉の解凍〜.平成26年度日本水産学会秋季大会講演要旨集 2014; No.942.

18) 鈴木 徹,渡辺 学.冷凍流通は地球に優しい？ 〜食品流通における高品質と低環境負荷を両立させるための基礎的考察〜.FOOMA JAPAN 2016 アカデミックプラザ研究発表要旨集 23: 71-74.

19) 渡辺弘晃,中野俊樹,山口敏康,佐藤 実.電磁波照射による殺菌作用に関する研究.平成25年日本水産学会秋季大会講演要旨 2013; No.601.

20) 山口敏康,山内晶子,中野俊樹,佐藤 実,落合芳博.電磁波照射技術の食品加工への利用−食品成分への影響−.平成28年日本水産学会秋季大会講演要旨 2016; No.1053.

21) 横山理雄,矢野俊博監修.レトルト食品の栄養と品質変化.「レトルト食品入門」日本食糧新聞社.2010; 139-160.

まとめ－水産業の復興再生に向けた今後の課題

婁　小波*

§1. イノベーションとしての新技術開発

　本稿では，東日本大震災からの復興・再生を目指す東北マリンサイエンス事業（以下，本事業と略す）において推し進められている新技術の開発に基づく新産業創出を図るうえでの今後の課題を検証する.

　東日本大震災が発生してすでに6年が経過し，この未曾有の災害を乗り越えるための努力が官民を挙げて続けられてきた. 本事業はその一環として，文部科学省が科学技術研究の立場から東日本地域の復興・再生に寄与することを目的に，震災発生の年からフィージビリティ・スタディ（Fs）を実施し，翌年から8つの課題を選んで正式に開始されたものである. すでに本書のまえがきにおいても述べられているように，本事業では大学などの研究機関のもっている技術シーズを活用しつつ，革新的な技術の開発を通じて，東北沿岸の被災地域に海の資源を有効活用する新たな産業の創出に寄与することを目指している. このように単なる科学研究の枠を越えて，産業への応用を念頭におきつつ，研究成果が直接地域産業の復興につながり得る応用的な新技術の開発を当初から設定しているところに本事業の大きな特徴がある.

　新技術の開発による産業の再生と復興は，いいかえればイノベーションを興すことによって被災地域の産業の再生と復興を目指すことにほかならない. シュンペーター[1] やドラッカー[2] 以来，産業や企業の発展にとって，イノベーションが重要であることは広く認知されるようになっている. 今日では製品イノベーションと工程イノベーションから構成される技術イノベーションと，統治制度イノベーション・組織イノベーション・マーケティングイノベーション・戦略イノベーションから成る経営イノベーションに大別されるイノベーションは，その概念がより広がりをもったものとして用いられるようになり[3]，

---

* 東京海洋大学学術研究院海洋政策文化学部門

新産業の創出と社会の変革にとって必要不可欠な要素となっている．本事業において推し進められる新技術の開発は，新製品開発を目指す技術イノベーションに力点をおいている．つまり，新製品の開発や新たな加工・製造技術や環境対策技術などに関する技術イノベーションの創出を通じて，震災復興に寄与しようとしている．したがって，本稿に与えられた課題に応えるためにはこの技術イノベーションの視点からの検証が有効である．

　技術イノベーションは，技術開発から商品化に至るまでの一連のプロセスから成る新製品の開発を第一義的な目標としている．どのようなプロセス，どのような仕組みが効率的で効果的なイノベーションを引き起こすことができるか，このイノベーション創起の過程をめぐっては様々な議論が展開されている．通常，新製品の開発に向けた一連の技術イノベーションのプロセスとしては，「アイディアの創出→アイディア・スクリーニング→コンセプト開発とテスト→マーケティング戦略の開発→経済性分析→製品化→テスト・マーケティング→市場導入」という捉え方が可能である[4]．そこで，本稿ではこの「アイディアの創出」から「コンセプト開発とテスト」までの段階を「要素技術開発段階（技術開発）」とし，「マーケティング戦略の開発」から「製品化」までの段階を「実用化技術開発段階（実用化）」とし，そして「テスト・マーケティング」以降の段階を「商品化技術開発段階（商品化）」として捉えることにする．この「要素技術開発（技術開発）→実用化技術開発（実用化）→商品化技術開発（商品化）」という開発の過程をたどることによって，市場が創出され，新たな産業興しが期待されるわけである．ただし，ここでいう「実用化」や「商品化」とはあくまでも開発段階を指していることに留意する必要がある．

　以下，この技術イノベーションにおける新製品開発プロセスの視点から，これまでに本事業において行われてきた技術開発の経験について検証する．具体的には本事業での新技術開発の到達点を確認したうえで，確立された新技術の産業復興への寄与にかかわる諸問題を検証し，それを踏まえて震災復興に向けた今後の課題を提示する．なお，本稿の分析に際して参考となった資料は各プロジェクトが 2016 年 5 月までに発表された資料や研究報告書などであるので，本書の各章において選択的に紹介されている各プロジェクトの内容とは必ずしも整合的ではない．

§2．新技術開発の到達点

　事業報告書をみると，それぞれのプロジェクトにおいて多くの要素技術が開発され，またそれぞれの要素技術を評価する様々な手法が確立されていることがわかる．技術開発研究として多くの成果を生み出していることがうかがえる．

　表1は，先に示した新製品開発のプロセスに照らし合わせて，8つの研究プロジェクトで開発された多くの要素技術のうちの主要なもの，あるいはパッケージとなっている主な技術システムをピックアップして，その技術の開発段階を評価したものである．評価は以下の判断基準に沿って行っている．すなわち，報告されたそれぞれの技術開発の内容を参考に，①何らかの形で開発された新技術を用いて企業との製品化の実証研究を行ったもの（あるいは行っているもの）を「実用化技術開発段階（実用化）」とし，②製品が開発されてテスト的に市場に売り出しているもの（あるいは売り出すこととなっているもの）を「商品化技術開発段階（商品化）」とし，そして③企業との実証研究まではまだ行われていないものを「技術開発段階（技術開発）」として捉えることとした．

　改めて表1をみると，新たな産業の創成につながる技術開発事業において，開発された34個の主要技術（または技術パッケージ）の中で，技術開発段階のものが18個（52.9%），実用化技術開発段階のものが11個（32.4%），商品化技術開発段階のものが5個（14.7%）となっていることがわかる．この評価結果に関しては立場や評者によって評価が分かれるかもしれない．しかし，実用的な技術開発という所期目標の達成にとっては実質4年間という研究開発期間はやや短いようにも思われるなかで，多くの要素技術が開発されたことは評価に値する．今後，技術開発段階にある要素技術の実用化に向けた取り組みが本格化することが期待される．

§3．実用化技術開発をめぐる諸問題

　開発された主要技術の実用化・商業化に向けた進捗の状況はプロジェクトによって，あるいは要素技術によって若干異なっている．つまり，本事業により開発された新技術をイノベーションのプロセスに合わせてみた場合，実際に実用化・商品化研究段階に移されて産業化の一歩手前まできているものもあれば，

表1　開発された主な技術と技術開発の諸段階

プロジェクト名	開発された主な技術例	開発段階
排熱活用小型メタン発酵による分散型エネルギー生産と地域循環システムの構築	メタン発酵装置	技術開発
	重層型人工湿地の排水処理技術	実用化
漁場再生ニーズに応える汚染海底浄化システムの構築	非接触型油分測定システム	技術開発
	曳航型油分測定システム	技術開発
	海底地形の詳細把握システム	実用化
	油汚染泥の浄化システム	技術開発
東北サケマス類養殖事業イノベーション	ギンザケの高付加価値化養殖技術	技術開発
	浮沈式生簀養殖システム	実用化
	高効率な餌	実用化
	オリザノールによる早期養殖技術	技術開発
	養殖魚の成長予測技術・健康予測技術	技術開発
	放射性物質の除染を可能とする餌・手法	技術開発
三陸における特定海藻類の品種改良技術開発と新品種育成に関する三陸拠点の形成	三陸特産海藻類の品種改良技術	実用化
	三陸特産海藻類の新品種育成に関する基盤技術	技術開発
	三陸特産海藻類の高品質新品種の育成と製品化	商品化
三陸産ワカメ芯茎部の効率的なバイオエタノール変換技術開発と被災地復興への活用法	ワカメ芯茎部混合原料からの高濃度バイオエタノール生産	技術開発
	海藻多糖類分解酵素	商品化
	高機能化スーパー酵母	技術開発
	バイオエタノール残渣からのバイメタン生産技術	技術開発
	ワカメ飲料酒の製造	技術開発
三陸沿岸域の特性やニーズを基盤とした海藻産業イノベーション	アカモクの効率的な養殖技術	実用化
	アカモク油	商品化
	アカモク粉体素材	商品化
高度冷凍技術を用いた東北地区水産資源の高付加価値化推進	生鮮貝類の高度冷凍システム	実用化
	生鮮貝類の中高圧脱殻・冷凍技術	技術開発
	高鮮度冷凍サバ刺身用冷凍商品の開発	実用化
	電子レンジ解凍用冷凍にぎり寿司の開発事業化	実用化
	かまぼこの冷凍保管技術の開発	技術開発
	凍結阻害タンパク質AFPの探索と単離応用化	技術開発
	高鮮度冷凍原料を用いた未加熱ねり製品，新加工品の開発	商品化
電磁波を水産物加工に用いた新規食品製造技術の開発	電磁波照射を用いた魚骨脆弱化技術	技術開発
	電磁波照射を用いた迅速均一解凍技術	実用化
	電磁波照射を用いたマイルド殺菌技術	技術開発
	実用的電磁波照射装置	実用化

資料：各研究プロジェクトの発表・報告書などの資料により筆者が作成.

まだ実用化・商業化研究のステージまでにたどり着いていないものもある．なぜこのような違いが生じ，それらの差異はどのようにして生まれたのか．以下，実用化技術への開発をめぐるいくつかの論点に焦点を当て，この点について考えてみる．

3・1　ニーズとシーズの明確化

まずは，ニーズとシーズが明確であるかどうかによって，プロジェクトの進捗状況に大きな差が現れたと考えられる．

ニーズの明確化とは，開発を目指す新技術がどれだけ被災地域の復興に貢献し得るか，その技術を必要とする業界・企業・組織・団体あるいは個人がどこにあり，どのような受け入れ態勢が構築され得るのか，といったような新技術をめぐるニーズの事前把握と分析を，プロジェクト実施前の段階でしっかりと行うことである．実用化になりつつあるいくつかの新技術をめぐる開発の共通した経験として，ニーズをはっきりと把握でき，それに応える技術シーズをすでに保有していることが指摘できる．

また，技術シーズとは当該ニーズに応え得る基礎的な技術やすでに蓄積された関連研究成果である．技術シーズの多寡はプロジェクトの進捗状況を大きく左右している．研究開発が暗中模索の中で試行錯誤的に行われる以上，時間と労力と費用が事前の想定を越えて多くかかることはしばしばみられる．研究を進めた結果，初期仮説が棄却されるといった不確実性が常に付きまとうのも研究開発の特徴の１つである．技術開発は常に高い不確実性の下で行われざるを得ないゆえに，不確実性を減らし，限られた期間と予算のなかで成果が期待される豊富な技術シーズの存在が必須不可欠な条件といえよう．

したがって，本事業において求められる災害復興という問題解決型の研究開発事業では，地域復興というニーズの実態を把握するとともに，不確実性を減らすための技術シーズの重要性を認識することが一層重要となる．もっとも，ニーズにはいくつかのレベルが考えられる．社会全体あるいは地域全体にとってのニーズもあれば，個別企業や個別組織にとってのニーズもあり，それらを峻別しながら，災害復興に直接寄与し得るニーズを取捨選択して効率的な研究開発を行うことが重要となろう．

3・2　連携と協力体制

　研究成果の実用化を決定するもう 1 つのファクターとして，連携体制のあり方が挙げられる．本事業において多くの新技術が開発されているが，現時点において実際に実用化につながり得るものはまだ少ないようである．実用化研究につながり得るかどうかを決定する重要なファクターの 1 つとして連携のあり方が挙げられる．つまり，研究開発を推し進めるうえで，誰とどのような連携を行うかが，実用化段階においては重要な問題となる．

　本事業のほぼすべてのプロジェクトにおいて，横断的・垂直的な連携体制が構築されており，その点は事業評価においても高く評価されている．しかし，連携のあり方はチームによって若干の違いがみられている．各プロジェクトの連携パターンをみると，3 つの主要形態を抽出できる．すなわち，①研究者間の連携，②関連企業との連関，③地域（地方行政，漁協・漁業者など）との連携の 3 つである．

　①の研究者間の連携においては，共同研究という形で新技術開発に向けてそれぞれのもつ技術シーズに応じて，互いに協力し合いながら要素技術の開発に取り組んでいる．その際，共同研究の連携先として，大学や国・県などの研究機関もあれば，企業組織（企業の開発担当部署や研究組織）などもみられる．ただし，この場合の企業組織との連携はあくまでも共同研究の一環として実施されていることに限定している．それに対して，②の加工企業や流通企業などの関連企業との連携は共同研究のような形で企業側が研究の一部を分担するというものではなく，あくまでも研究を推進するうえでの助言や施設の提供，試作品の製作，さらには製品のテスト販売・テスト流通などに関して協力するような関係性である．最後に，地域との連携とは，特定の対象地域，対象魚種，対象フィールドの関係者との連携である．地域との連携によって，研究を進めていくうえで欠くことのできない様々な条件を整備することが可能となり，さらには協力関係の構築などを通じて，地域でのフィールド実験を受け入れてもらうことなどが可能となる．

　近年，官民連携，産官学連携，農商工連携などのようなキャッチフレーズに代表されるように，連携の重要性が高まってきている．それは連携することを通じて，参加する主体が様々なメリットをより多く享受することが期待できる

からである．このようなメリットの享受を仮に「連携の経済性」と呼ぶことができるならば[5, 6]，本事業における連携の経済性とは，開発者側にとってはさしずめ効率的な技術開発が，連携相手にとっては技術開発への参画によって研究成果の早期活用が期待できることに他ならない．このことから考えると，本事業の本来的な目的に照らし合わせれば，被災地域の再生と復興に直接寄与できるような，地域や地域の企業との直接的な連携関係づくりがより一層重要となっている．実用化に先行するいくつかの事例においても，関連事業者や漁業者との密接な連携関係をしっかりと構築できていることを確認できる．

3・3　適正技術とフィージビリティ・スタディ（FS）

開発された技術が適正技術かどうかも，本事業のスキームの中での実用化研究の成否を左右する要素の1つとなっている．本事業において確立された技術が，きわめて社会的意義の高いものであることは改めて強調するまでもない．しかし，今のところこれらの中のいくつかの技術を，実際に被災地域に適用できる見通しは立っていないようである．なぜならば，それらを実際に被災地に導入するためにはクリアしなければならない障壁がきわめて高いからである．いわば，現時点では，被災地域のサイズ，あるいは条件に見合った適正技術とはなっていないようである．

適正技術かどうかを判断するためには，開発された技術の実用化を図るためのFSの手続きが重要となる．一旦確立された技術の実用化を図るためには，市場の見通しはいうに及ばず，その実用化に際してのコスト構造を分析し，事業規模と必要な投資やランニングコストなどを見積もったうえで，利益を確保するための生産量や市場の受容可能性や適正価格帯の設定などについて，事前に緻密に分析することが必要不可欠となる．このようなFSを行ったうえで，その評価結果をフィードバックし，想定される新技術や当該技術を導入するビジネスモデルの修正を図る手続きが技術の適正化にとって必要不可欠なステップである．

3・4　マッチングとマーケティング

研究開発によって生み出された新技術において，技術移転が進まず，実用化・商業化に結び付かないケースは多く，せっかく取得した特許が死蔵されてしまうのは開発側と，技術を必要とする側との間に深い溝が存在するからだと

いわれている．それを克服する手段として，シームレスな開発支援プログラム
の充実とともに，技術の開発側あるいは供給側においては地域連携センターや
TLO の設置，需要側へは行政によるインキュベーター機能をもつプラット
フォームの設置などが行われてきている．こうした取り組みの本質は新技術を
めぐる需給双方の適切なマッチングを図ることである．

　このようなマッチング機能が，とくに開発する側と需要する側が別組織・別
法人さらには別業界で行われている研究開発においてとくに必要とされる場合
が多く，本事業における新技術開発はまさに開発と利用が大きく分かれて行わ
れているこのケースに属している．したがって，開発された新技術を，被災地
域の産業復興に役立てるためには，このマッチング機能の強化が有効となる．
もっとも，本事業ではいくつかの技術開発において当初から設計されている連
携・協力体制を通じて，すでにマッチング機能が事前に組み込まれている．こ
のようなケースでは効果的な技術移転が進められているように見受けられる．
しかし，こうしたケースにおいても，開発された技術を，社会に広く公開し，
より多くの受益者につなげるためにマッチング機能のより一層の強化が求めら
れる．

　マッチング機能が，開発された技術の実用化・商業化への普及活動であると
捉えれば，その過程においては，技術開発者によるマーケティング活動の展開
が必要不可欠となる．新技術によって新たに作り上げられた製品の単なる販路
確保などのマーケティング活動ではなく，新技術の普及を図るための売り込み
や市場分析が主な活動内容となる．

　誰が新技術の実用化を図り，普及を図るか．これは科学研究分野にとっての
古くて新しい課題でもある．しかも，この課題は実用化に近い技術であればあ
るほど深刻化する．本事業においても，当初の目的が被災地の復興・再生に寄
与するための新産業の創出を図ることであることを考え合わせてみれば，新技
術を開発する側がアウトリーチ活動なども含めて，このような技術の実用化と
普及を推し進めることにより，一層積極的・体系的に取り組むことが必要とな
ろう．

§4．復興に向けた今後の課題

これまでの検証を踏まえて，地域の復興につながる実用化新技術の開発を進めるうえでの今後の課題として以下の5点を指摘したい．

第1に，プロジェクトを進めるうえで地域ニーズの把握と選別を機動的・定期的に行い，その結果を技術開発の現場に柔軟にフィードバックできる仕組みを明示的に構築することが必要である．そのうえで，それに対応する既存技術の組み合わせによる問題解決が図られる．的確なニーズの把握が効率的な技術開発をもたらすと同時に，技術の適正化を図ることも可能となる．

第2に，とくに技術の適正化と実用化を図るためには新技術のFSに力を入れることが必要である．この点はとくに当初から被災地域の産業復興に寄与することを目的とする本事業の趣旨からして，きわめて重要なポイントとなる．したがって，本事業において開発された多くの技術を今後実用化・商業化につなげるためにもこのFSによる技術評価は必要不可欠なステップの1つとなる．

第3に，被災地域の企業・団体・自治体などとの連携をさらに強化することが求められる．技術開発をめぐる連携のメリットについては先述の通りであるが，開発された技術を実用化につなげるためには，開発当初からの連携関係が効果的となる．ただし，連携においては連携先によって，さらには担当者によって，その経済性の発揮が左右される側面もあり，具体的な連携の仕方は対象技術や連携対象によって大きく異ならざるを得ない．

第4に，新技術を普及させるための体制づくり，仕掛けづくりが求められる．一旦有用な技術が開発されたとしても，当該技術を用いた製品化・量産化を図る際にも越えなければならない課題はある．例えば，誰がどのような形で技術を使用し，誰がどのようなリスクをもってどのようなビジネスモデルで製品を生産し，さらには誰がどのように市場開拓を行い，産業化を進めるのか，あるいはこれらは開発側の責務なのか，それとも技術需要側のイッシューなのか．とくに大学の研究開発活動においては，このような簡単なようにみえて，しかしクリアするのには実に大きな困難を伴うようなビジネス上の諸課題も存在している．

第5に，研究開発の継続性の問題が挙げられる．技術開発や技術普及に際しては，よく研究資金の不足などによって生じる「デスバレー」や「キャズム

の問題」が存在するといわれている．デスバレーの問題は技術開発と実用化・商業化との間に存在し，キャズム問題は新技術の普及に際してのもっとも深刻な課題となっている．2016 年で終了を迎えた本事業においてもこの資金調達の問題がそれぞれのプロジェクトの直面するもっとも大きな課題として浮上している．実用化研究，技術の普及に必要な経費を今後確保することができなければ，本事業において開発された新技術はそのまま日の目を見ずに終わってしまう恐れもある．それを避けるためにも，ニーズおよび実用可能性の高い技術を選び，それを被災地域の復興につなげられるような研究開発を続ける努力が今後とも必要となるが，そのための新たな研究支援のスキームをいかに構築するかが問われる．

　以上みてきたような諸課題のうちに，第 1 の課題はとくに技術開発段階において，第 2 および第 3 の課題はとくに実用化技術開発段階において，そして，第 4 および第 5 の課題はとくに商品化技術開発段階において顕著に現れる．そのことから，それぞれの開発段階においてこうした課題を解消するための効果的な仕組みをいかに構築するかが，今後の被災地域の新産業創出に寄与するうえでの新たな課題として提起されよう．

文　献

1) Schumpeter JA. *Theorie Der Wirtschaftlichen Entwicklung*, 2. Virtue of the authorization of Elizabeth Schumpeter. 1926.（塩野谷祐一ら訳．「経済発展の理論（上・下）」岩波書店．1977.）

2) Drucker PF. *The Practice of Management*. Harper & Low. 1954.（上田惇生訳．「[新訳] 現代の経営（上・下）」ダイヤモンド社．1996.）

3) 岸川善光．「イノベーション要論」同文館

出版．2011.

4) フィリップ・コトラー，ゲイリー・アームストロング．「新版 マーケティング原理－戦略的行動の基本と実践－」ダイヤモンド社．1997; 365-387.

5) 婁 小波．連携の経済性（1）．アクアネット 2015; 200.

6) 婁 小波．「海業の時代－漁村経済活性化に向けた地域の挑戦－」農文協．2013.

索　引

本書の基礎となったシンポジウム

平成 27 年度日本水産学会秋季大会シンポジウム
「東日本大震災からの復興・再生に向けた新たな水産業の創成につながる新技術開発」
企画責任者：竹内俊郎（海洋大）・佐藤 實（東北大院農）・渡部終五（北里大海洋）

　趣旨説明　　　　　　　　　　　　　　　　　　　　竹内俊郎（海洋大）

Ⅰ. 地域再生　　　　　　　　　　　　　　　　座長　竹内俊郎（海洋大）
　　1. 排熱を活用した小型メタン発酵による分散型エネルギー生産と地域循環システムの構築
　　　　　　　　　　　　　　　　　　　　　　　　　　多田千佳（東北大院農）
　　2. 漁場再生ニーズに応える汚染海底浄化システムの構築　　荒川久幸（海洋大院）
　　3. 東北サケマス類養殖事業イノベーション　　　　　　潮 秀樹（東大院農）

Ⅱ. 海藻の利用　　　　　　　　　　　　　　　座長　渡部終五（北里大海洋）
　　1. 三陸における特産海藻類の品種改良技術開発と新品種育成に関する拠点形成
　　　　　　　　　　　　　　　　　　　　　　　　　　福西暢尚（理研）・佐藤陽
　　　　　　　　　　　　　　　　　　　　　　　　　　一（理研食品）
　　2. 三陸産ワカメ芯茎部の効率的なバイオエタノール変換技術開発と被災地復興への活用方法の提案
　　　　　　　　　　　　　　　　　　　　　　　　　　浦野直人（海洋大院）
　　3. 三陸沿岸域の特性やニーズを基盤とした海藻産業イノベーション
　　　　　　　　　　　　　　　　　　　　　　　　　　宮下和夫（北大院水）

Ⅲ. 新規食品の開発　　　　　　　　　　　　　座長　婁 小波（海洋大院）
　　1. 高度冷凍技術を用いた東北地区水産資源の高付加価値推進　鈴木 徹（海洋大院）
　　2. 電磁波を水産物加工に用いた新規食品製造技術開発　　佐藤 實（東北大院農）

Ⅳ. 総合討論　　　　　　　　　　　　　　　　座長　婁 小波（海洋大院）

閉会の挨拶　　　　　　　　　　　　　　　　　　　　佐藤 實（東北大院農）

水産学シリーズ〔184〕　　　　　　　定価はカバーに表示

新技術開発による東日本大震災からの復興・再生

Reconstruction and Renovation Efforts Following the Great East
Japan Earthquake by Development of New Technologies

平成 29 年 3 月 30 日発行

編　者　　竹　内　俊　郎
　　　　　佐　藤　　　實
　　　　　渡　部　終　五

監　修　　公 益 社 団 法 人
　　　　　日 本 水 産 学 会

〒 108-8477　東京都港区港南　4-5-7
　　　　　　　東京海洋大学内

発行所　　〒 160-0008
　　　　　東京都新宿区三栄町 8　株式
　　　　　Tel 03（3359）7371　会社　恒星社厚生閣
　　　　　Fax 03（3359）7375